2022年中国建筑工业化发展报告

同济大学国家土建结构预制装配化工程技术研究中心　主编

中国建筑工业出版社

图书在版编目（CIP）数据

2022年中国建筑工业化发展报告 / 同济大学国家土建结构预制装配化工程技术研究中心主编. — 北京 ：中国建筑工业出版社，2023.9

ISBN 978-7-112-29182-3

Ⅰ. ①2… Ⅱ. ①同… Ⅲ. ①建筑工业化一研究报告一中国一2022 Ⅳ. ①TU

中国国家版本馆CIP数据核字(2023)第180913号

本书是由同济大学国家土建结构预制装配化工程技术研究中心组织行业力量，编写的关于中国建筑工业化发展情况的年度发展报告，旨在推进新型建筑工业化发展。本书从建筑工程、桥梁工程、地下工程、绿色建造和智能建造等多个角度出发，系统梳理并总结了2022年我国建筑工业化发展的新政策、新专业、新标准及新技术，统计了行业内典型企业及示范项目的发展情况与经验，归纳促进和影响行业发展的各种因素并分析行业的未来发展趋势，帮助广大读者了解目前我国建筑工业化最新发展的情况。

责任编辑：曹丹丹　张伯熙
责任校对：姜小莲
校对整理：李辰馨

2022年中国建筑工业化发展报告
同济大学国家土建结构预制装配化工程技术研究中心　主编
*
中国建筑工业出版社出版、发行(北京海淀三里河路9号)
各地新华书店、建筑书店经销
北京红光制版公司制版
人卫印务（北京）有限公司印刷
*
开本：787毫米×1092毫米　1/16　印张：9¼　字数：202千字
2023年11月第一版　2023年11月第一次印刷
定价：**42.00**元
ISBN 978-7-112-29182-3
(41901)

编写组

组　长： 李国强

副组长： 刘玉姝　宫　海

成　员： 卢昱杰　袁　勇　石雪飞　段振兴　苗珍录
朱文伟　庞洪海　黄昌钦　张　庆　李　霆
崔　强　黄　梓　赵宝军　孙克平　朱强强
李　昊　黄书成　张晋豫　刘　威　任　彧
姚　激　张　慎　孟令明　刘　浩　陈朝骏
廖　峰　朱玲玲　陆佳慧　杨剑峰　薛屹峰
易鼎鼎　卞子文　吴培培　李骁淦　邱　建
许　琪　王　晋　桑巧稚　熊欣航　李思明
崔鹏宇　黄克仁　姚旭朋　张姣龙　刘　青
魏晨光　宋佳茗　郭守得　郭建好　徐海洋
陈　晨　黄陈晨　储海军　黄徐林　张振华

主编单位：

同济大学国家土建结构预制装配化工程技术研究中心

参编单位：

南通装配式建筑与智能结构研究院

上海同济绿建土建结构预制装配化工程技术有限公司

中南建筑设计院股份有限公司

上海宝冶集团有限公司
云南建投钢结构股份有限公司
福建建工装配式建筑研究院有限公司
昆明理工大学
南京钢铁股份有限公司
江苏智建美住智能建筑科技有限公司
苏州邦得新材料科技有限公司
海南海控筑友建筑科技有限公司
中建海龙科技有限公司
中建三局科创产业发展有限公司

前言

本书系统地介绍了建筑工业化的相关政策、技术进展、产业发展情况、项目总体情况以及未来的发展趋势。通过对这些方面的分析和讨论，我们对建筑工业化的发展有了更全面的认识和理解。

建筑工业化是当代建筑领域的重要发展方向之一。在政策层面，国家和地方都出台了一系列支持装配式建筑、智能建造和绿色低碳建筑的政策，为行业的发展提供了政策保障和指导。同时，产业教育政策的制定和智能建造专业教育的推进也为培养高素质的建筑工业化人才提供了重要支持。

在技术方面，建筑工业化领域不断涌现出新的专利、论文和技术标准。这些创新推动了建筑工业化技术的进步和应用。无论是在建筑工程、桥梁工程、地下工程、绿色建造还是智能建造领域，都出现了一系列具有前瞻性和创新性的技术。

产业发展方面，不同类型的企业在建筑工业化领域发挥着重要的作用。钢结构装配式企业、预制混凝土部品企业、木结构装配式企业等都取得了一定的发展成果。同时，装配式围护、装配式装修、装配式桥梁、装配式地下工程等行业也呈现出不同的发展情况。绿色建造和智能建造领域也逐渐崭露头角，各自在可持续性和智能化方面作出了积极探索。

本书还介绍了装配式建筑和装配式地下工程等各类项目的总体情况，并以典型项目为例进行了详细介绍。这些项目展示了建筑工业化在实践中的应用效果和潜力。

最后，本书对建筑工业化的发展趋势进行了分析。装配式建筑、装配式桥梁、装配式地下工程、绿色建造和智能建造都有着广阔的发展前景。随着技术的不断进步和应用的推广，建筑工业化将进一步提高施工效率、降低成本，并且促进建筑行业的可持续发展。

本书所涉及的全国性统计数据，除特别注明的，均未包括香港、澳门特别行政区和台湾省数据。

本书的出版旨在为读者提供一份全面了解建筑工业化的资料，希望读者通过阅读本书能够对建筑工业化的政策、技术、产业和趋势有更深入的了解，从而为建筑工业化的发展和应用作出更有价值的贡献。相信通过不断的努力和创新，建筑工业化将在未来取得更加辉煌的成就。

“报告精要”快览

1. 为促进建筑工业化的发展，2022 年国务院和地方各级政府发布了总共 155 部与建筑行业相关的法律法规、规章和规范性政策。其中，与装配式建筑行业相关的政策数量为 29 部，智能建造成为新的热点，共发布了 52 部与该领域相关的政策，比 2021 年增加了 24 部。另外，绿色低碳行业相关政策共有 37 部，产业教育行业相关政策也有 37 部。

就地域分布而言，东部地区发布的相关政策总数为 58 部，位居全国第一，占比达 37.4%。其中，与智能建造相关的政策数量为 26 部，同样位居全国第一，占全国智能建造相关政策数量的 50%。

2. 2022 年各行业技术发展情况如下：

（1）钢结构装配式建筑方向：钢结构相关的公开发明专利、论文及技术标准等数量稍有减少，整体保持稳定。

（2）装配式混凝土建筑方向：相关技术、标准等逐渐健全，装配式混凝土建筑发展更加全面化、细节化、规范化。

（3）木结构装配式建筑方向：研究量稍有下降。

（4）装配式围护部品方向：技术趋于成熟，因此围护部品相关技术研究总体趋势仍在上升，增速放缓。

（5）装配式装修方向：技术发展相对放缓，但仍然聚焦在顶棚、墙面和地面等方面。行业的主要技术研究由领军企业引领。

（6）桥梁工程方向：装配式桥梁相关技术、专利、标准进一步完善，全预制拼装桥梁成为未来发展的新趋势，设计标准化对装配式桥梁应用的推动作用逐渐增强。

（7）地下工程方向：装配式工艺正在向地下工程多个方向渗透，专利、论文和技术标准逐年增加。

（8）绿色建造方向：绿色建造相关的专利、论文、标准等数量明显增多。

（9）智能建造方向：智能建造试点城市的提出，进一步使技术发展持续推进，相关技术研究处于上升趋势。

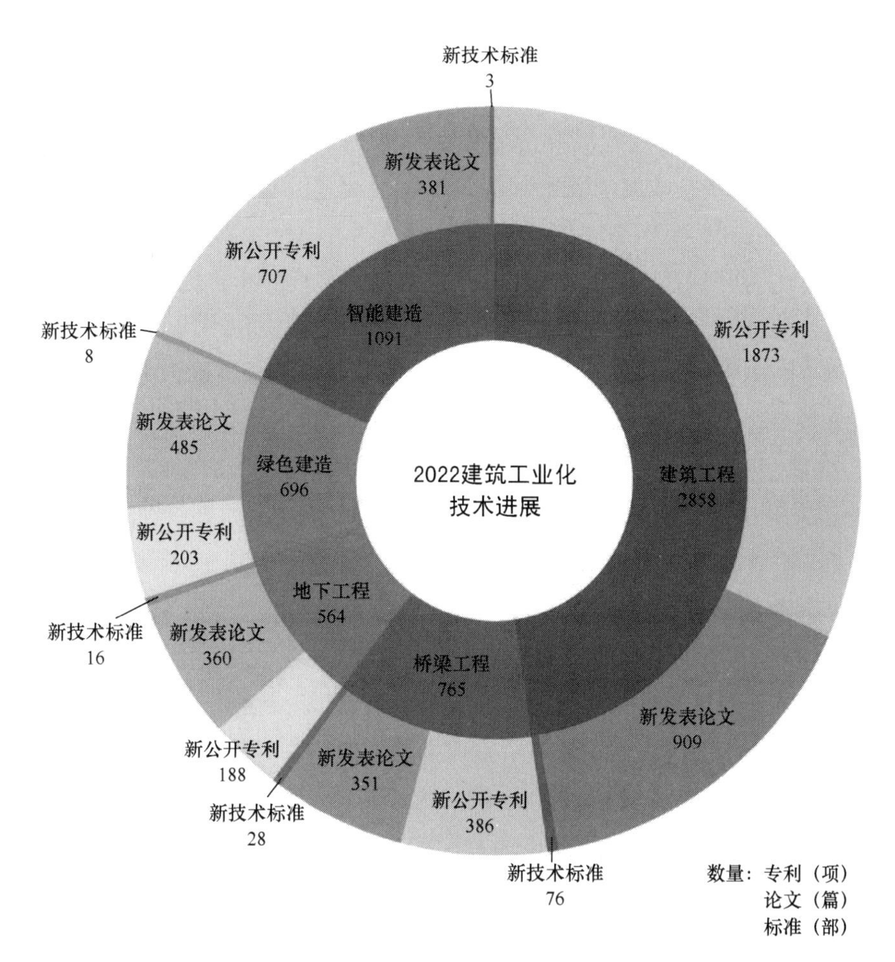

3. 2022 年全国钢结构装配式建筑方向取得了显著发展。新增钢结构企业数量达到 390 家，其中河北省不仅现存企业数量排名第二，新增企业数量也一枝独秀，为 74 家。然而，2022 年钢结构行业的 CR5 指数（业务规模前 5 名企业所占市场份额）产量占比仅为 7.5%，呈现出“大行业、小企业”的特点。

从截至 2022 年年底仍存续的钢结构企业数量和占比分布来看，华东区域的钢结构企业数量明显超过其他区域，是排名第二的华北区域的两倍以上。

全国粗钢产量在 2022 年约为 10.18 亿 t，与 2021 年相比有所下降。而 2022 年全国钢结构产量大约占全国粗钢产量的 10.31%，增长速率较 2021 年下降了约 0.75%。

在具体项目分类中，商业建筑和工业建筑仍然是钢结构装配式项目的主要类型。总体而言，钢结构的产值稳步增长，钢结构行业在建筑业中的比重也逐年增加。

4. 截至 2022 年年底，全国注册资本 1000 万元以上的预制混凝土构件工厂共有 4596 家。在 2022 年期间，全国新增并存续的预制混凝土构件工厂数量为 19 家，主要集中在河北省。

截至 2022 年年底全国各省、自治区、直辖市累计存续的预制混凝土构件工厂数量排名，前三名分别是河南省、江苏省和山东省。观察数量及占比，不同区域的构件工厂数量存在差异，两极分化较为严重。华东地区拥有1651家构件工厂，华中地区有885家构件工厂，这两个区域的总数占全国总数4596家的55.2%。其他地区的发展水平相近。

2022年全国新开工的装配式混凝土结构建筑面积约为5.5亿m^2，同比增长12.24%。与2021年相比，增速略有增加，增幅为0.04%。装配式混凝土结构建筑在新开工建筑中的占比为60%，较2021年下降了7.7%。

5. 数据显示，注册时间为2018—2022年且目前仍存续的注册资金1000万元以上的木结构相关企业总共有431家。其中，2022年仍存续的有7家，近5年木结构新注册企业的数量呈逐年减少的趋势。

从区域分布来看，大中型木结构企业的地域分布存在不均衡现象。截至2022年，江苏省拥有最多的注册企业，共224家，其次是山东省（90家）、安徽省（85家）和四川省（74家）。大部分木结构企业集中在华东区域，占据了全国总数的近一半。

对选定的7个省份（四川、河北、广东、湖北、山东、江苏、浙江）进行分析发现，2018—2022年各年新开工面积相对均衡，江苏省和山东省的木结构新开工面积一直处于领先地位，2022年有所回落。但从2021年开始，木结构装配式项目数量开始回升，四川省的木结构新开工面积增长势头超过了江苏省和山东省，7个省份的发展规模趋于平衡。

近5年来，旅游度假类木结构建筑一直保持领先优势。尽管住宅类建筑的占比位居第二，但近几年呈下降趋势。科教文卫类建筑的占比自2020年开始回升。办公类、商业类和交通运输类建筑的占比基本没有明显变化。

6. 数据显示，2018—2022年新增且存续的大型装配式围护企业总计2847家。2022年单年新增的大型存续装配式围护企业数量为195家。

长三角、珠三角和京津冀地区是累计存续装配式围护企业数量较多的地区。2022年装配式围护企业增长数量较多的省份及其数量分别为：河北省84家，安徽省30家，甘肃省21家，河南省7家。

2022年全行业产量为1.68亿m^3，比上年下降了12.5%。其中，板材产量相比上年上升了103%。板材产量的逆势增长表明我国发展绿色建筑和装配式建筑对于加气混凝土行业带来了积极影响。这也体现了加气混凝土的发展主要依靠于建筑业的结构性调整，而非总产量的增加。

7. 据查询，装配式装修行业中成立年限为2018—2022年、注册资金1000万元以上的装配式装修相关中大型企业共有1520家。2022年成立并存续的装配式装修企业数量为124家。

从区域分布角度来看，截至2022年年底仍存续的装配式装修企业主要集中在中部地区和东南沿海地区，与各地区经济发展状况相吻合。各省、自治区、直辖市2022年装配式装修企业的新增数量及增长率，山东省排名第一，新增30家企业，河北省排名第二，新增24家企业，海南省排名第三，新增9家企业。

根据住房和城乡建设部公开的数据，2022年全国装配式装修新开工面积达到11458万m^2。

装配式装修行业呈现稳定增长的趋势。

8. 在政策驱动和市场引领下，近年来装配式桥梁的设计、生产、施工等相关产业能力快速提升，2022年新增采用预制装配技术的桥梁总里程约200km，各类预制装配技术呈现全面发展和应用态势，全预制拼装桥梁成为未来发展的新趋势。通过在一线城市及东部发达地区试点建设后，2022年新增装配式桥梁项目广泛分布于华东、华中、华北、华南和西南等地区。在装配式桥梁应用过程中，装配式结构设计、连接形式、施工技术等方面的专利不断增多，与3年前相比，每年新公开专利数量增长率接近50%，设计标准化对装配式桥梁的推动作用越来越强。未来几年，新兴信息技术和传统工程技术的融合将进一步推动桥梁工业化建造和智能建造的协同发展，也将成为促进装配式桥梁产业转型升级、实现高质量发展的一大动力。

9. 2022年，装配式地下工程的规模仍然在持续增长，地铁车站、明挖法隧道、基坑工程以及矿山法隧道也正在突破传统现浇施工的方式向装配式施工方向发展。新开工的无锡地铁5号线和锡澄S1号线中有3座车站采用叠合装配式。装配式地下工程专利申请数量达到188项，实现了连续5年的增长。在地下工程领域范畴内，以预制装配方向为主题的研究论文占比高达33%，其次分别集中在盾构隧道和地下管廊；2022年新增装配式综合管廊工程约250km，90%位于东部地区。从装配式建造从业企业分布来看，主要集中于华东地区，正在由东南沿海向华东、华中地区转移，中西部地区仍有较大的发展空间。

10. 查询注册时间为2018—2022年且目前仍存续的、注册资金在1000万元以上的绿色建造相关企业，总计432家，其中2022年新增124家，增速较快。

在2022年，全国各省、自治区、直辖市新成立并存续的绿色建造相关企业主要集中在江苏、广东、陕西等地。截至2022年年底，全国各省、自治区、直辖市累计存续的绿色建造相关企业共计629家，其中华东地区有211家，占比33.5%。东北及西部地区的相关企业合计占10.3%，显示出发展仍然相当不平衡。

据截至2022年上半年的数据显示，我国新建绿色建筑面积已超过新建建筑的90%。城镇绿色建筑占新建建筑的比重从2012年的2%大幅提升至2022年的90%。预计未来三年绿色建造行业将继续保持快速增长态势，绿色建材将得到更大力度的推广和应用。

11. 2022年11月住房和城乡建设部将北京、天津、重庆等24个城市列为智能建造试点城市。

试点目标包括三方面：

（1）加快推进科技创新，提升建筑业发展质量和效益；

（2）打造智能建造产业集群，培育新产业、新业态、新模式；

（3）培育具有关键核心技术和系统解决方案能力的骨干建筑企业，增强建筑企业国际竞争力。

试点城市也提出了智能建造行业的发展目标和推进措施。例如：

1）深圳提出：

(1) 加快构建现代建筑产业体系；
(2) 科技创新驱动高质量发展；
(3) 打造“深圳建造”品牌；
(4) 完善工程质量安全体系；
(5) 增强建筑业企业竞争力；
(6) 持续优化建筑业营商环境；
(7) 加快粤港澳大湾区建筑业协同发展。

2) 苏州提出：
(1) 大力推广新型建造方式；
(2) 培育智能建造产业集群；
(3) 推进 BIM 技术研发、应用；
(4) 全面推广智慧工地；
(5) 强化智能建造评价和推广。

3) 武汉提出：
(1) 加强标准化集成设计；
(2) 加快智能建造技术应用；
(3) 推广绿色化施工建造；
(4) 加快完善技术标准体系；
(5) 提高信息化发展水平；
(6) 创新组织监管模式；
(7) 培育专业人才队伍。

目　录

第1章　建筑工业化相关政策/1

1.1　政策总论 …… 1
1.2　装配式建筑政策 …… 2
1.2.1　国家政策 …… 2
1.2.2　地方政策 …… 2
1.3　智能建造政策 …… 3
1.3.1　国家政策 …… 3
1.3.2　地方政策 …… 4
1.4　绿色低碳政策 …… 5
1.4.1　国家政策 …… 5
1.4.2　地方政策 …… 5
1.5　产业教育政策 …… 6
1.5.1　国家政策 …… 6
1.5.2　地方政策 …… 6
1.5.3　智能建造专业教育 …… 7
1.6　各类评价标准 …… 8
1.6.1　总体情况 …… 8
1.6.2　装配式建筑“三板”政策 …… 8

第2章　建筑工业化技术进展/9

2.1　新公开专利 …… 9
2.1.1　建筑工程 …… 9
2.1.2　桥梁工程 …… 21
2.1.3　地下工程 …… 25
2.1.4　绿色建造 …… 28
2.1.5　智能建造 …… 30

2.2 新发表论文 …… 32
2.2.1 建筑工程 …… 32
2.2.2 桥梁工程 …… 42
2.2.3 地下工程 …… 49
2.2.4 绿色建造 …… 50
2.2.5 智能建造 …… 53
2.3 新技术标准 …… 57
2.3.1 建筑工程 …… 57
2.3.2 桥梁工程 …… 60
2.3.3 地下工程 …… 62
2.3.4 绿色建造 …… 63
2.3.5 智能建造 …… 63

第3章 建筑工业化产业发展情况/64

3.1 行业相关企业统计 …… 64
3.1.1 钢结构企业 …… 64
3.1.2 预制混凝土（PC）构件企业 …… 67
3.1.3 木结构企业 …… 69
3.1.4 装配式围护企业 …… 71
3.1.5 装配式装修企业 …… 74
3.1.6 装配式桥梁企业 …… 74
3.1.7 装配式地下工程企业 …… 78
3.1.8 绿色建造企业 …… 80
3.1.9 智能建造企业 …… 82
3.2 行业发展总体情况 …… 84
3.2.1 钢结构装配式行业产业发展情况 …… 84
3.2.2 装配式混凝土行业产业发展情况 …… 86
3.2.3 木结构装配式行业产业发展情况 …… 89
3.2.4 装配式围护行业产业发展情况 …… 90
3.2.5 装配式装修行业产业发展情况 …… 91
3.2.6 装配式桥梁行业产业发展情况 …… 92
3.2.7 装配式地下工程行业产业发展情况 …… 95
3.2.8 绿色建造行业产业发展情况 …… 96
3.2.9 智能建造行业产业发展情况 …… 99

第4章 建筑工业化项目总体情况/103

4.1 装配式建筑项目总体情况 …… 103
4.1.1 钢结构装配式建筑项目总体情况 …… 103
4.1.2 装配式混凝土建筑项目总体情况 …… 103
4.1.3 木结构装配式建筑项目总体情况 …… 106
4.1.4 绿色建造项目总体情况 …… 107
4.2 装配式桥梁项目总体情况 …… 109
4.3 装配式地下工程项目总体情况 …… 110
4.3.1 装配式公路隧道 …… 110
4.3.2 装配式综合管廊 …… 110
4.3.3 装配式地铁车站 …… 111
4.3.4 装配式地下水厂 …… 111
4.4 典型项目简介 …… 111
4.4.1 钢结构装配式建筑典型项目介绍 …… 111
4.4.2 装配式混凝土建筑典型项目介绍 …… 112
4.4.3 木结构装配式建筑典型项目介绍 …… 113
4.4.4 装配式装修典型项目介绍 …… 115
4.4.5 桥梁工程典型项目介绍 …… 116
4.4.6 绿色建造典型项目介绍 …… 118
4.4.7 智能建造典型项目介绍 …… 119

第5章 发展趋势分析/121

5.1 装配式建筑发展趋势 …… 121
5.2 装配式桥梁产业发展趋势 …… 123
5.3 装配式地下产业发展趋势 …… 124
5.4 绿色建造产业发展趋势 …… 124
5.5 智能建造发展趋势 …… 125

附 录/127

参考文献/131

第 1 章　建筑工业化相关政策

本章将探讨建筑工业化领域相关的政策和标准，包括装配式建筑政策、智能建造政策、绿色低碳政策、产业教育政策以及各类评价标准。在装配式建筑、智能建造、绿色低碳和产业教育政策方面，介绍了国家政策和地方政策的具体情况，为读者提供全面的政策背景。此外还简述了相关评价标准情况，为读者提供装配式建筑行业相关的政策背景和实施情况。

1.1　政策总论

从国家统计局 2023 年 1 月 17 日发布的 2022 年国民经济运行数据来看，2022 年建筑业总产值 311980 亿元，同比增长 6.5%，全国建筑业房屋建筑施工面积 156 亿 m^2，同比下降 0.7%。全国房地产开发投资 132895 亿元，同比下降 10%，其中住宅投资下降 9.5%，房地产企业开发房屋施工面积下降 7.3%，房屋新开工面积下降 39.4%，住宅新开工面积下降 39.8%，房屋竣工总面积下降 15%，住宅竣工面积下降 14.3%。

建筑业迫切需要树立新发展思路，《“十四五”建筑业发展规划》提出，将扩大内需与转变发展方式有机结合起来，同步推进，从追求高速增长转向追求高质量发展，从“量”的扩张转向“质”的提升，走出一条内涵集约式发展新路。对标 2035 年远景目标，初步形成建筑业高质量发展体系框架，使建筑市场运行机制更加完善，营商环境和产业结构不断优化，建筑市场秩序明显改善，工程质量安全保障体系基本健全，建筑工业化、数字化、智能化水平大幅提升，达到建造方式绿色转型成效显著，加速建筑业由大向强转变，为形成强大国内市场、构建新发展格局提供有力支撑。

2022 年，为推动建筑工业化发展，国务院及地方各级人民政府共发布 155 部与行业相关的法律法规、规章、规范性政策，其主题可分为四类：装配式行业 29 部，智能建造行业相关 52 部，绿色低碳行业相关 37 部，产业教育行业相关 37 部。2022 年全国重点地区建筑工业化发展相关政策数量统计如图 1-1 所示。

建筑工业化相关政策

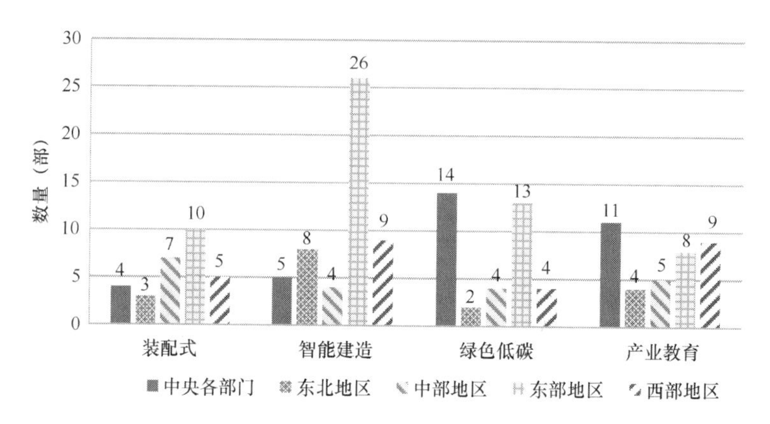

图1-1　2022年全国重点地区建筑工业化发展相关政策数量统计（地区清单详见二维码内容）

1.2　装配式建筑政策

1.2.1　国家政策

2022年1月，住房和城乡建设部出台《“十四五”建筑业发展规划》，明确提出我国将大力发展装配式建筑，到2025年装配式建筑占新建建筑比例超30%。6月发布《装配式钢结构模块建筑技术指南》，旨在推动装配式钢结构模块建筑发展。

2022年4月，国务院办公厅出台《国务院办公厅关于进一步释放消费潜力促进消费持续恢复的意见》，明确提出将推动绿色建筑规模化发展，大力发展装配式建筑，积极推广绿色建材，加快建筑节能改造。5月发布《关于推进以县城为重要载体的城镇化建设的意见》，提出将大力发展绿色建筑，推广装配式建筑、节能门窗、绿色建材、绿色照明，全面推行绿色施工。

1.2.2　地方政策

2022年全国各地共发布25部地方性装配式行业相关的法律法规、规章、规范性文件。2022年全国重点地区装配式建筑地方性行业政策颁布数量分布如图1-2所示，各个地区的

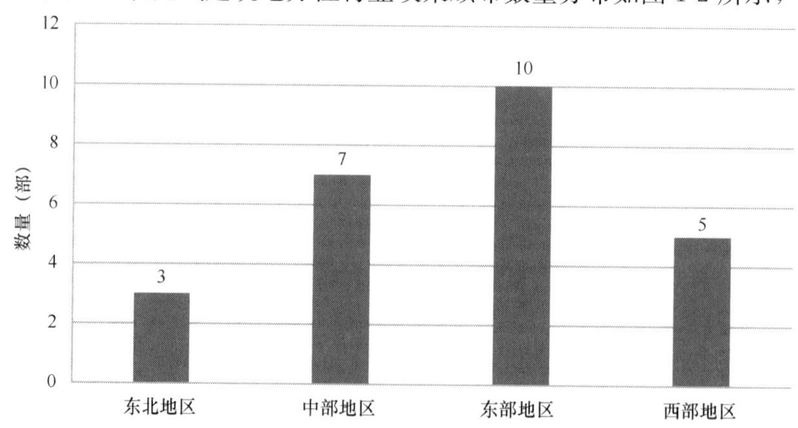

图1-2　2022年全国重点地区装配式建筑地方性行业政策颁布数量分布图（地区清单详见附录）

政策主要围绕“装配式建筑占比”“绿色建材”“装配式装修”“钢结构建筑”以及“针对各个地区制定的不同标准化制度”等主题。“十四五”期间全国及部分地区装配式建筑行业发展目标如表 1-1 所示。

“十四五”期间全国及部分地区装配式建筑行业发展目标　　表 1-1

地区	占新建建筑面积比例（%）	地区	占新建建筑面积比例（%）
全国	30	江苏	50
北京	40（2022 年）	安徽	30（城镇）
	55（2025 年）	浙江	50
天津	100（新开工住宅，公共建筑项目）	江西	40
上海	＞80（符合条件的新建建筑） ＞60（全市装配式建筑的单体预制率） ＞90（全市装配式建筑装配率）	福建	35
		广东	30
		广西	30（符合条件的新建建筑）
重庆	30	海南	＞80
黑龙江	30	陕西	30
吉林	30	甘肃	30
辽宁	35	宁夏	25
河北	30	青海	30
山西	30	新疆	30
内蒙古	30	四川	40
河南	40	贵州	30
湖北	30	云南	30
湖南	40	西藏	30（城镇）
山东	50		

1.3　智能建造政策

1.3.1　国家政策

2022 年建筑工业化政策主要聚焦于“城市基础设施建设”“城市更新”“住房保障”“交通运输”“数字化转型”“科技创新”“标准化发展”“绿色发展”“装配式建筑”“碳达峰”等方面。从这些政策和规划中可以看出，智能建造正逐步成为中国建筑业未来发展的重要方向之一。如表 1-2 所示，在部分地区的建设规划中，智能建造都被广泛应用，包括涉及“城镇住房”“交通基础设施”“数字化转型”等领域。

2022年国家颁布的智能建造相关的政策清单　　表1-2

政策名称	文号	阶段	要点
《“十四五”现代综合交通运输体系发展规划》	国发〔2021〕27号	规划	实施新一代铁路移动通信专网工程。选择高速铁路线路开展智能化升级。推进川藏铁路应用智能建造技术。实施铁路调度指挥系统智能化升级改造
《关于公布智能建造试点城市的通知》	建市函〔2022〕82号	规划	为贯彻落实党中央、国务院决策部署，大力发展智能建造，以科技创新推动建筑业转型发展，经城市自愿申报、省级住房和城乡建设主管部门审核推荐和专家评审，决定将北京市等24个城市列为智能建造试点城市，试点自公布之日开始，为期3年
《“十四五”城镇化与城市发展科技创新专项规划》	国科发社〔2022〕320号	规划	面向存量巨大的建筑与基础设施高效运维及街道社区精细化运维等城镇社会可持续发展的公共服务需求，以数字化、智能化技术为基础，开展智能建造与智慧运维基础共性技术和关键核心技术研发与转化应用，促进建筑业与信息产业等业态融合，显著提高建筑工业化、数字化、智能化水平，推进市政公用设施的物联网应用和智能化改造，提升建筑与市政公用设施系统协同管控能力，保障设施供给安全，提升城市运维效率
《关于扩大政府采购支持绿色建材促进建筑品质提升政策实施范围的通知》	财库〔2022〕35号	发展	各有关城市要深入贯彻习近平生态文明思想，运用政府采购政策积极推广应用绿色建筑和绿色建材，大力发展装配式、智能化等新型建筑工业化建造方式，全面建设二星级以上绿色建筑，形成支持建筑领域绿色低碳转型的长效机制，引领建材和建筑产业高质量发展，着力打造宜居、绿色、低碳城市
《国务院关于印发2030年前碳达峰行动方案的通知》	国发〔2021〕23号	规划	加快提升建筑能效水平。加快更新建筑节能、市政基础设施等标准，提高节能降碳要求。加强适用于不同气候区、不同建筑类型的节能低碳技术研发和推广，推动超低能耗建筑、低碳建筑规模化发展。加快推进居住建筑和公共建筑节能改造，持续推动老旧供热管网等市政基础设施节能降碳改造。提升城镇建筑和基础设施运行管理智能化水平，加快推广供热计量收费和合同能源管理，逐步开展公共建筑能耗限额管理。到2025年，城镇新建建筑全面执行绿色建筑标准

1.3.2 地方政策

2022年，全国各地共发布47部地方性智能建造相关的法律法规、规章、规范性文件，如图1-3所示。政策主要围绕“碳达峰”“碳中和”“智能建造试点”“产业体系建设”

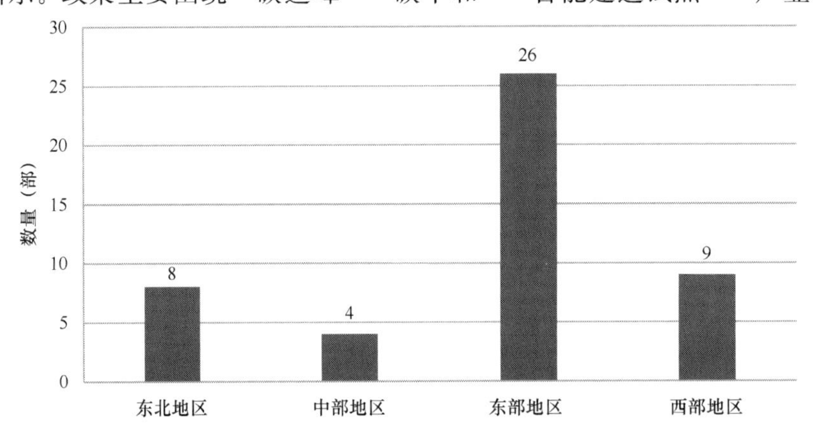

图1-3　2022年我国智能建造地方性行业政策颁布数量区域分布图（地区清单详见附录）

“BIM 协同”这几个方向。相关政策的出台将有助于推动智能建造产业的发展，提高建筑业的信息化、智能化水平，促进建筑业向绿色、低碳方向转型。

1.4　绿色低碳政策

1.4.1　国家政策

2022 年 3 月，住房和城乡建设部发布的《“十四五”建筑节能与绿色建筑发展规划》提出要提高新建建筑节能水平，引导京津冀、长三角等重点区域制定更高水平节能标准，开展超低能耗建筑规模化建设，推动零碳建筑、零碳社区建设试点，在其他地区开展超低能耗建筑、近零能耗建筑、零碳建筑示范建设。

2022 年 8 月，工业和信息化部联合国家发展改革委和生态环境部出台《工业领域碳达峰实施方案》，明确提出“十四五”期间，产业结构与用能结构优化须取得积极进展，能源资源利用效率须大幅提升，建成一批绿色工厂和绿色工业园区，研发、示范和推广一批减排效果显著的低碳零碳负碳技术工艺装备产品，筑牢工业领域碳达峰基础的要求。

据了解，其他相关部委也响应国家发展战略，出台一系列政策，制定不同层面的战略目标，以有序推进碳达峰、碳中和工作，推动城市绿色低碳循环发展。

1.4.2　地方政策

如图 1-4 所示，2022 年全国各地共发布 23 部绿色低碳行业相关的法律法规、规章、规范性文件。政策主要围绕“碳达峰”“绿色建材”以及“在建材生产运输和施工建设中，提高能效、降低能耗、减少二氧化碳排放”几个方面。相关政策的发布，将促进绿色产业发展、改善环境质量、提高能源安全性和加强技术创新，有助于实现可持续发展目标，为人民创造更美好的生活和未来。

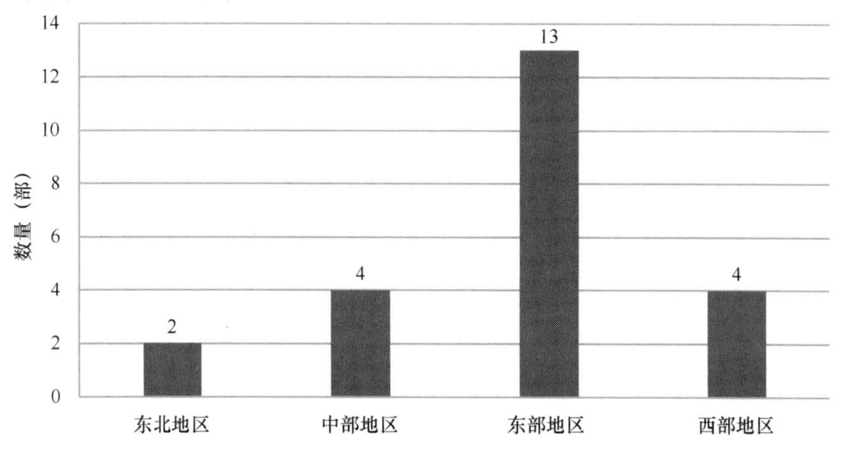

图 1-4　2022 年我国绿色低碳地方性行业政策颁布数量区域分布图（地区清单详见附录）

1.5 产业教育政策

1.5.1 国家政策

2022年10月，人力资源和社会保障部发布《关于加强新时代高技能人才队伍建设的意见》，明确提出到“十四五”时期末，高技能人才制度、政策更加健全，培养体系更加完善，岗位使用更加合理，评价机制更加科学，激励保障更加有力，尊重技能、尊重劳动的社会氛围更加浓厚，技能人才规模不断壮大，素质稳步提升、结构持续优化、收入稳定增加，技能人才占就业人员的比例达到30%以上，高技能人才占技能人才的比例达到1/3，东部省份高技能人才占技能人才的比例达到35%的要求。力争到2035年，技能人才规模持续壮大、素质大幅提高，高技能人才数量不断增加，高技能人才结构与基本实现社会主义现代化的要求相适应。

1.5.2 地方政策

如图1-5所示，2022年全国各地共发布26部与产业教育相关的法律法规、规章、规范性文件，以促进加强人才培养，建设高水平人才队伍。政策主要围绕“深化产教融合”“加强职业院校高水平实训基地建设”以及“对未来几年的职业教育规划”等方面。相关产业教育相关政策的颁布与实施，将对经济、就业、教育和社会产生积极的影响，有助于提高教育的实用性，引导就业方向，提高劳动力市场的效率和竞争力，促进经济发展和创新。

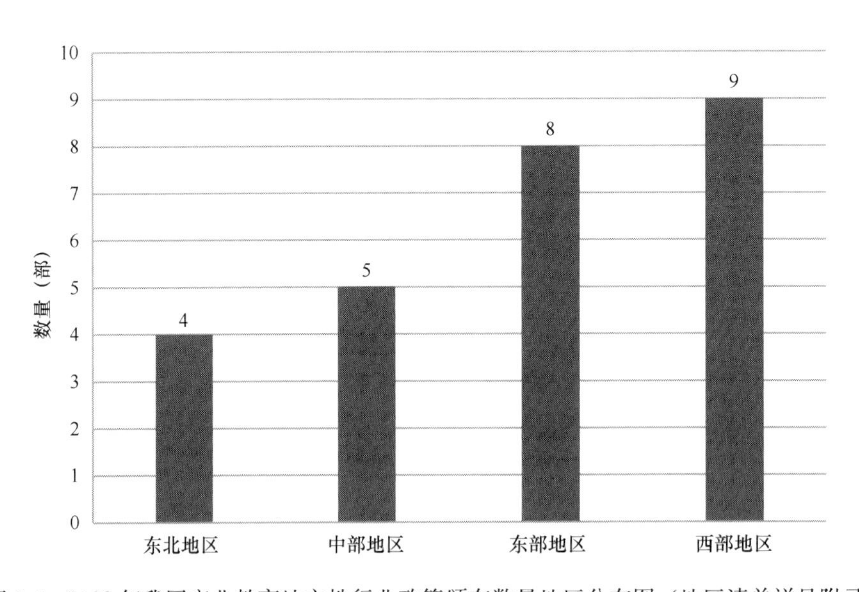

图1-5　2022年我国产业教育地方性行业政策颁布数量地区分布图（地区清单详见附录）

1.5.3　智能建造专业教育

随着智能建造产业的发展，开设该专业的高校数量也在逐年增加。据统计，截至 2022 年年底，共有 70 所本科院校开设“智能建造工程”专业，63 所专科院校开设“智能建造技术”专业，如图 1-6、图 1-7 所示。另外还有多家院校的智能建造相关专业开办申请正被审批中。预计未来随着智能建造行业的发展，会有更多的高校加入到智能建造专业的建设中，以更好地培养出适应建筑业新业态、新技术发展需求的高素质应用型人才。

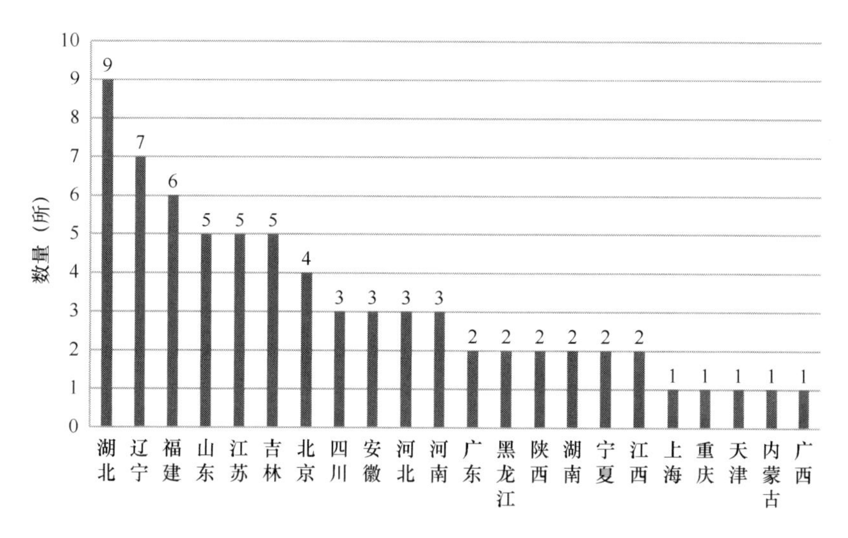

图 1-6　2018—2022 年各地累计开设“智能建造工程”专业的本科院校数量

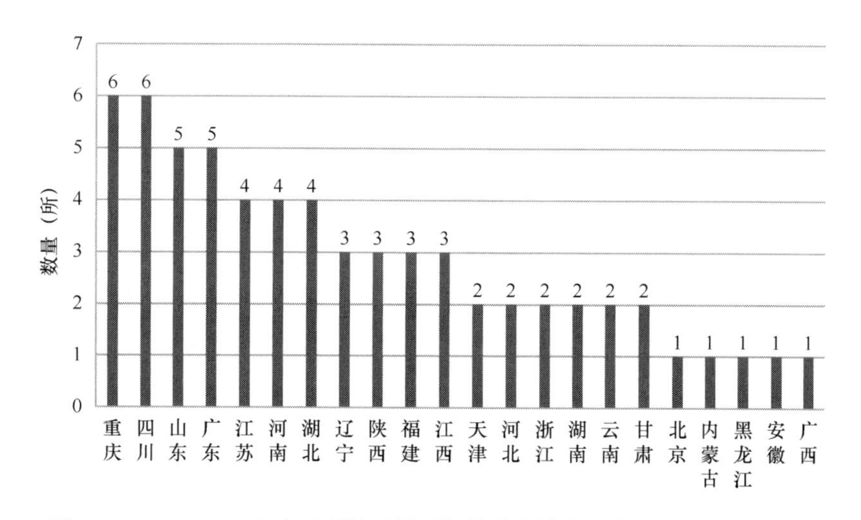

图 1-7　2018—2022 年各地累计开设“智能建造技术”专业的专科院校数量

1.6 各类评价标准

1.6.1 总体情况

装配式建筑的评价标准作为指导装配式建筑发展的一种政策措施，是实现建筑工业化的重要保障，其中预制率、装配率是评价装配式建筑的重要指标，也是各级政府制定装配式建筑扶持政策的主要依据。

2017年住房和城乡建设部颁布了《装配式建筑评价标准》GB/T 51129－2017，为各省装配式建筑评价提供了依据。随后四年内，各省市发布了适合当地的装配式建筑评价标准，目前已相对完善，2022年各地评价标准无新增。

1.6.2 装配式建筑“三板”政策

各地区除了发布装配式建筑评价标准或计算细则外，还相继出台了关于在新建建筑中推广应用装配式预制“三板”的新规施行办法。“三板”是装配式建筑的重要组成部分，对装配式建筑的推广有重要作用。2022年，仅山东临沂发布了装配式建筑“三板”政策，要求全面推行预制叠合楼板、楼梯、墙板。目前，装配式“三板”的推行也是推动装配式建造发展的主要方式。相关省份城市“三板”政策对比见表1-3。

各地装配式建筑“三板”政策对比　　表1-3

时间	地区	“三板”政策
2018年	江苏	新建单体建筑“三板”总比例不得低于60%
2020年	广西	预制楼梯板的投影面积不少于80%；预制楼板不少于70%；非承重内墙板不少于50%
2021年	湖北宜昌	外墙板、阳台板、遮阳板、空调板、凸窗不少于60%；内墙板、楼梯板、楼板不少于30%
2022年	山东临沂	全面推行预制叠合楼板、预制楼梯、非砌筑内隔墙、空调板、阳台等预制构件等“三板”技术

第2章　建筑工业化技术进展

本章采用信息化数据检索技术统计行业技术发展相关数据，分析2022年中国建筑工业化技术进展。以2018—2022年为时间节点，编者检索了2022年“建筑工程”“桥梁工程”“地下工程”“绿色建造”“智能建造”五个专业领域中的新公开专利、新发表论文、新技术标准，并进行了对比分析。

2.1　新公开专利

2.1.1　建筑工程

1. 钢结构装配式建筑

根据相关专利库检索结果，2018—2022年间钢结构装配式建筑相关公开发明专利数量呈稳定上升趋势，如图2-1所示，2022年钢结构装配式建筑公开发明专利总计426项。2022年与2021年相比，新公开发明专利数量达到稳定水平，说明前几年各企业、高校、研发机构在政策支持下都大力进行研究创新，钢结构装配式建筑技术已达到较高水平。

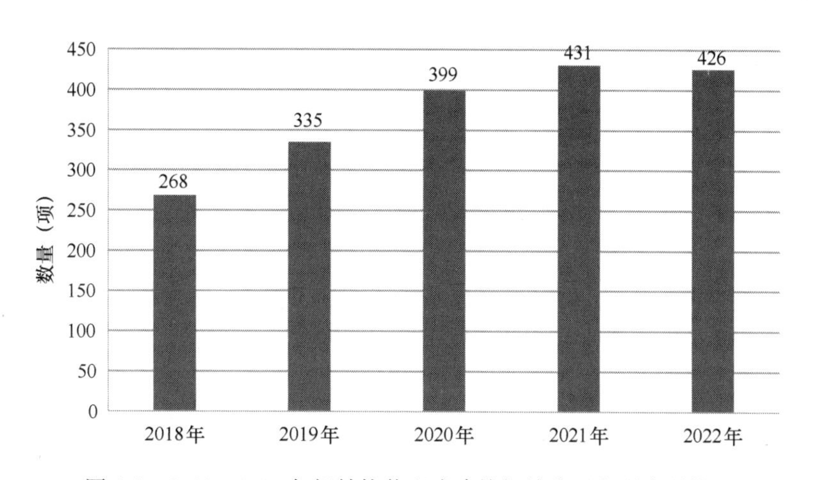

图2-1　2018—2022年钢结构装配式建筑相关公开发明专利数量

选择公开时间为2018—2022年，对钢结构装配式建筑发明专利所属单位进行分析，其中专利数量前10名单位如图2-2所示。从图中可以看出排名前10位中，7席为企业，剩余3席为高校，从数量上看，北京工业大学位居榜首，为74项。由前10个席位中3席为高校，其余7席为企业，可见实体企业是钢结构装配式建筑技术创新的主力军，钢结构装配式建筑的发展与实体企业发展息息相关，国家在政策层面可加大对企业的扶持力度。

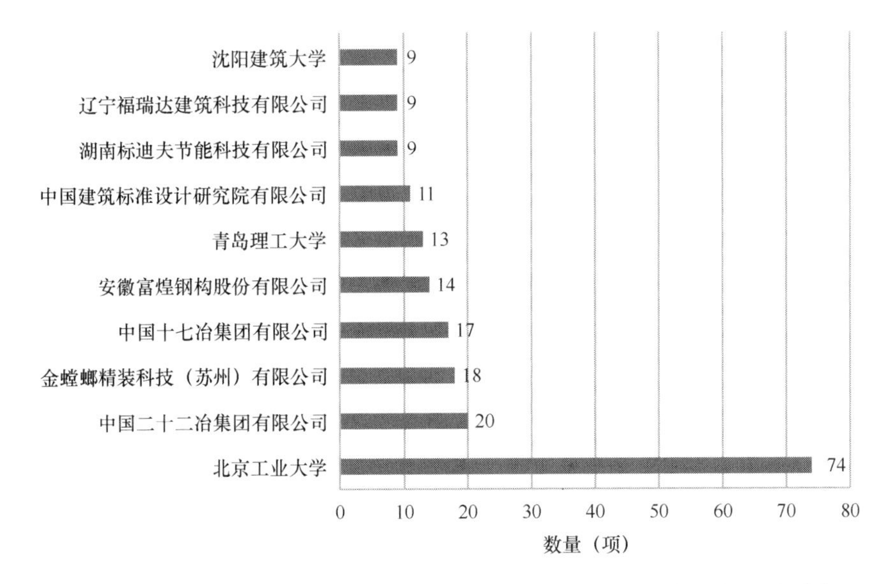

图2-2　2018—2022年钢结构装配式建筑相关公开发明专利数量前10名单位

根据相关专利库检索结果，分析2022年钢结构装配式建筑各领域研究情况，如图2-3所示。从图中可见专利的大类中，属于“结构”的专利数量最多，占比达42.55%，其次是“部品装置”“节点”等类别，申报重点还是以结构、部品以及节点为主。

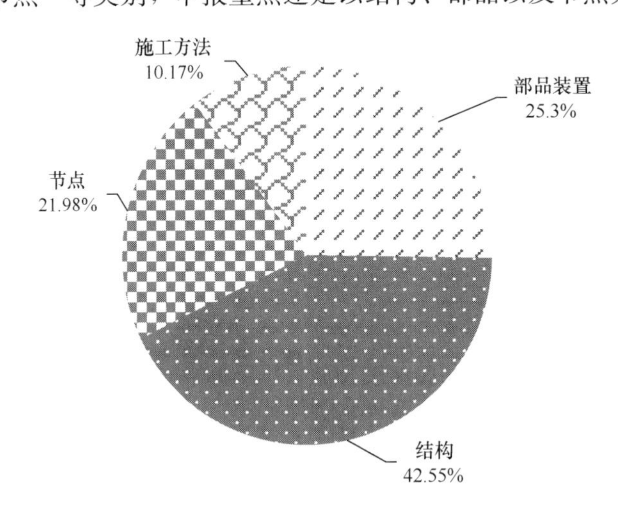

图2-3　2022年装配式钢结构建筑相关公开发明专利的主题情况

有代表性的钢结构装配式建筑专利——一种新型钢结构连接构件[1]（公开号：CN 217601701 U）

该发明提出了一种新型钢结构连接构件，如图2-4所示。其包括主体结构、连接结构、拉紧构件和安装防松组件，拉紧构件安装在主体结构内，连接结构、主体结构通过安装防松组件固定连接，通过拉紧构件的设置，便于提高主体结构的连接强度，从而提高主体结构的稳定性；并且通过安装防松组件的设置，便于提高主体结构、连接结构的连接稳定性，防止固定螺栓发生松动产生安全隐患，同时也提升了装配效率，减少了制作工作量，更便于构件的标准化。

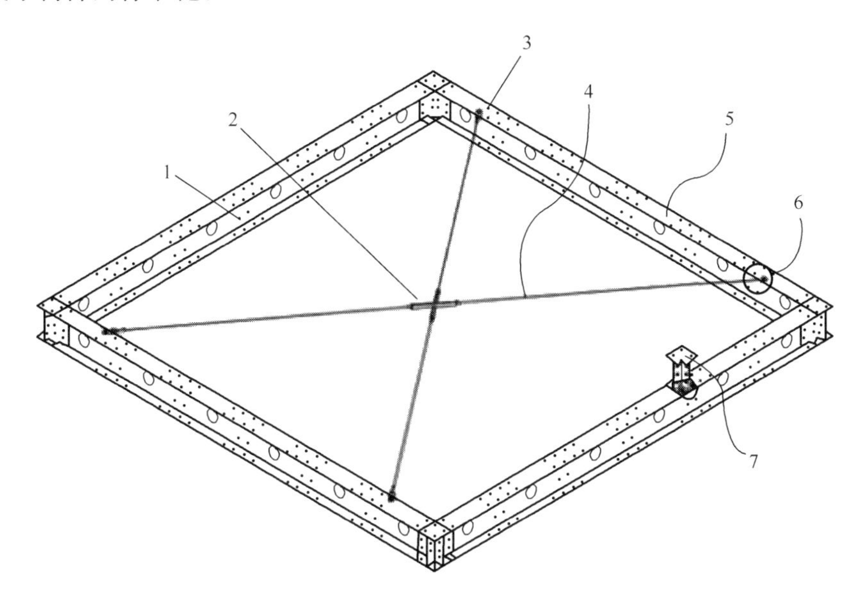

图 2-4　一种新型钢结构连接构件专利示意图

1—腹板通孔；2—收紧螺栓；3—安装通孔；4—拉紧构件；5—主体结构；6—端部锁止头；7—腹板连接构件

2. 装配式混凝土建筑

根据相关专利库检索结果，2018—2022 年装配式混凝土相关公开发明专利数量基本呈上升趋势，如图 2-5 所示，2022 年装配式混凝土相关公开发明专利总计 1150 项，体现了装配式混凝土建筑在建筑工程中创新性与实用性并重发展的提升模式。

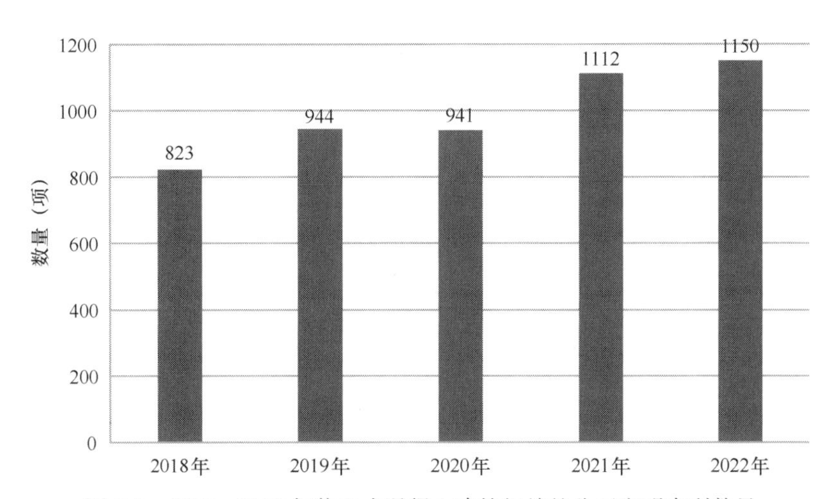

图 2-5　2018—2022 年装配式混凝土建筑相关的公开发明专利数量

选择公开时间为2018—2022年，对装配式混凝土建筑发明专利所属单位进行分析，其中专利数量前8名单位如图2-6所示。从图中可以看出，排名前8位中，2席为企业，剩余6席为高校，从数量上看，沈阳建筑大学位居榜首，为98项，北京工业大学次之，为94项。可以看出，装配式混凝土建筑的创新以各大高校为主要集中点，各建筑院校以深厚的理论为基础，结合试验，进一步推进装配式混凝土建筑领域的发展。

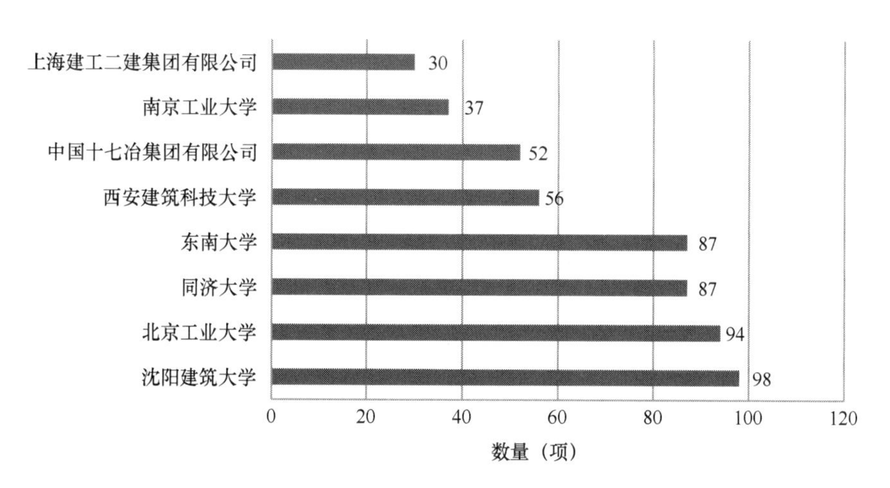

图2-6　2018—2022年装配式混凝土建筑相关公开发明专利数量前8名单位

根据相关专利库检索结果，分析2022年装配式混凝土建筑各领域研究情况，如图2-7所示。从图中可见专利的大类中，属于“一般构造”的专利数量最多，占比达33%，其次是“预制混凝土构件的现场制备”“建筑物的墙体结构”等类别，由此可看出专利的申报重点还是以设计、生产以及施工为主。

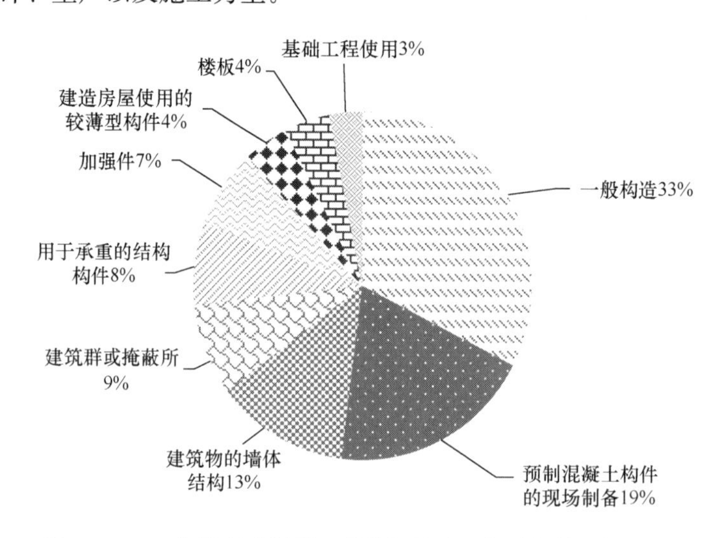

图2-7　2022年装配式混凝土建筑相关公开发明专利的主题情况

有代表性的装配式混凝土建筑专利及其产业化运用情况——预制墙板连接节点及其施工方法[2]（公开号：CN 114541616 A）

1）专利概况

该发明提出了一种预制墙板连接节点，如图 2-8 所示，其第一预制墙板的端部具有第一凸起和第一凹槽，第二预制墙板的端部具有第二凸起和第二凹槽，第一凸起和第二凸起相对应设置，第一凹槽和第二凹槽相对应设置，且第一凹槽和第二凹槽一起形成的腔体所在区域形成现浇部；第一预制墙板内设置有第一预埋套筒，第二预制墙板内设置有第二预埋套筒，第一预埋套筒内设置有第一螺杆，第二预埋套筒内设置有第二螺杆，第一螺杆的一端和第二螺杆的一端均与连接套筒螺纹连接，第一螺杆和第二螺杆同轴且第一螺杆和第二螺杆的旋向相反。该发明专利的预制墙板连接节点及施工方法，有利于提高连接强度，简化施工工艺，提高施工效率。

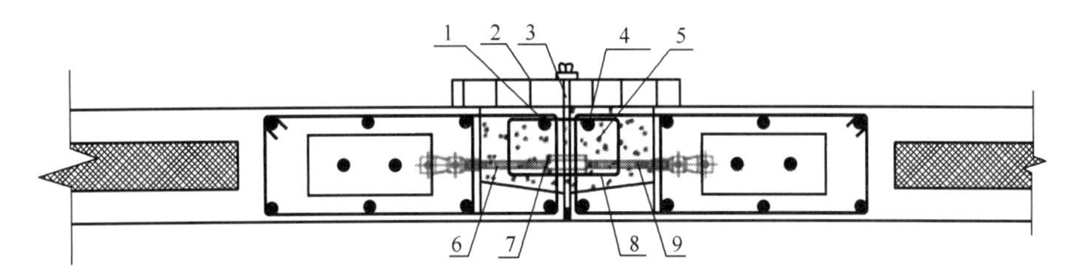

图 2-8　装配式建筑墙板连接节点专利示意图

1—第一竖直钢筋；2—模板；3—U 形钢筋；4—第二竖直钢筋；5—现浇部；
6—第一螺杆；7—连接套筒；8—水平箍筋；9—第二螺杆

2）产业化项目

如图 2-9、图 2-10 所示，该专利运用于北京中医药大学东方学院南校区景天公寓项目。项目位于河北省沧州市渤海新区中捷产业园北京中医药大学东方学院南校区内，项目总建筑面积 1.61 万 m^2，建筑层数 5 层，共有 402 间学生公寓。公寓施工实现主体结构 7d 建造完成，具有建造快速、低碳节能等优点。项目于 2022 年 10 月投入使用，目前使用状况优良，证明技术具备实用性。

图 2-9　项目效果图

图 2-10　项目实际施工图

3. 木结构装配式建筑

根据相关专利库检索结果，2018—2022 年间木结构装配式建筑相关的公开发明专利数量自 2020 年起基本保持着逐年增长的趋势，如图 2-11 所示，2022 年木结构装配式建筑公开发明专利总计 22 项。这与装配式建筑行业、绿色建筑及“双碳”目标的相关政策出台有着密不可分的关系。同时，木结构建筑与生俱来的装配基因和绿色建筑的特征迎合了新型建筑工业化的需求，行业的转型也进一步刺激了木结构装配式建筑的发展。

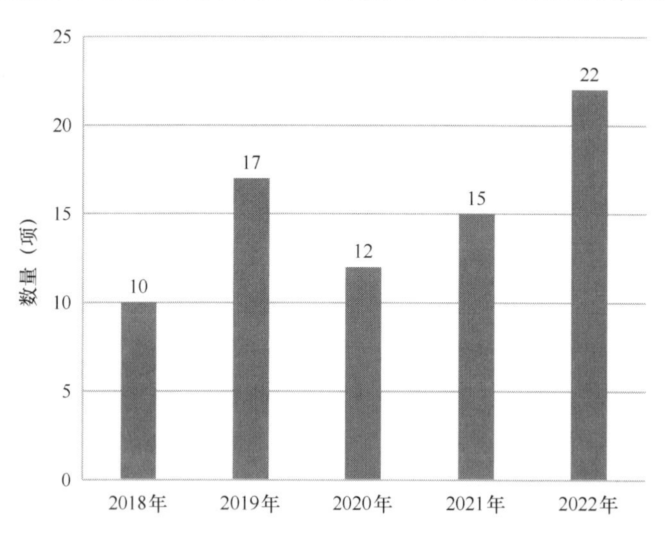

图 2-11　2018—2022 年木结构装配式建筑相关的公开发明专利数量

选择公开时间为 2018—2022 年，对公开发明专利所属单位进行分析。其中专利数量前 6 名如图 2-12 所示，木结构装配式建筑专利的申请单位以企业为主，其余部分主要是高校等科研机构。在上述申请单位中，前 3 席均为企业，这说明木结构装配式建筑的技术创新正以前端市场作为主要开拓领域，以实际应用作为落地研发的目标，证明了行业产业化的转型发展与木结构装配式建筑的发展相辅相成。

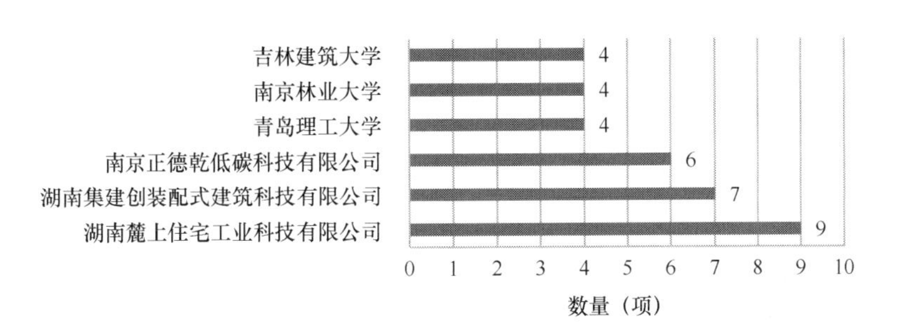

图 2-12　2018—2022 年木结构装配式建筑公开发明专利数量前 6 名申请单位

根据相关专利库检索结果，分析 2022 年木结构装配式建筑各领域研究情况，结果如图 2-13 所示。木结构装配式建筑发明专利主要集中在“装配节点技术”“组合构件”“施工方法”“低耗能墙体”“抗震节点装置”等方面。其中，“木结构节点的装配化技术与组合构件技术”是木结构装配式建筑发展的主要推动力。据调查，为了更好地实现低碳建筑的目标，更多的节能及舒适性技术已应用到木结构建筑中。木结构装配式建筑施工技术也在逐步创新实践中，以适应木结构装配化建造。

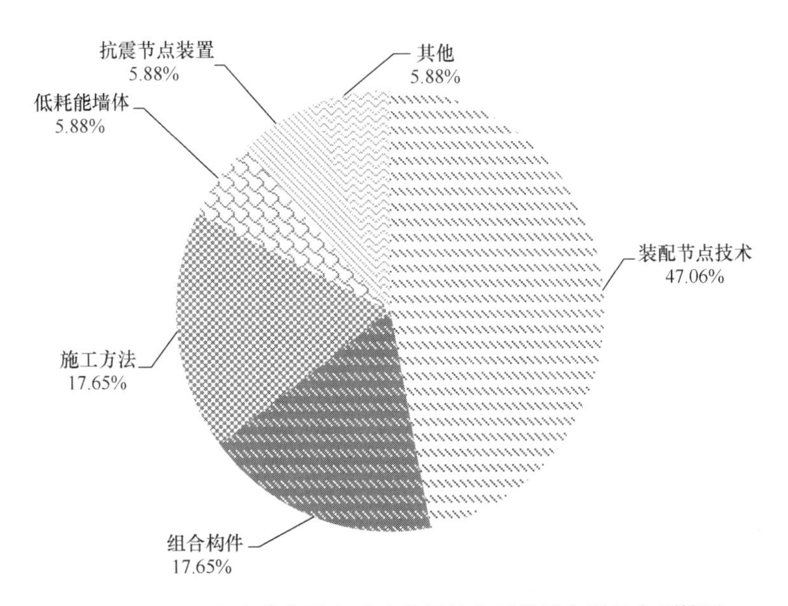

图 2-13　2022 年木结构装配式建筑相关公开发明专利的主题情况

有代表性的木结构装配式建筑专利及其产业化运用情况——一种可抗弯的木结构柱脚连接节点[3]（公开号：CN 113089833 A）

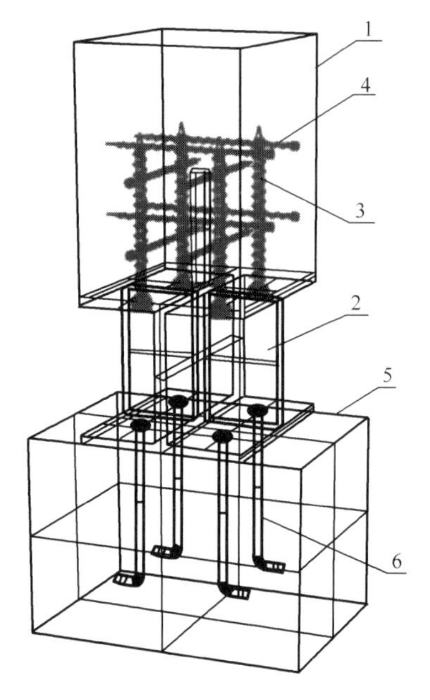

图 2-14 一种可抗弯的木结构柱脚连接节点专利示意图

1—木柱；2—连接钢板；3—自攻连接件；4—抗裂全螺纹自攻螺钉；5—混凝土结构；6—锚杆

1）专利概况

该发明提出了一种可抗弯的木结构柱脚连接节点，如图 2-14 所示，包括木柱、连接钢板、自攻连接件、抗剪销等。木柱的柱底与连接钢板连接固定，连接钢板的上端板通过自攻连接件与木柱的柱底连接，自攻连接件穿过连接钢板的上端板，并由木柱的底部端面钻入且沿木柱的长度方向深入到木柱内部，充分利用自攻连接件的抗拔承载力抵抗弯矩。

2）产业化项目

如图 2-15、图 2-16 所示，该专利应用于江苏省康复医院项目，该项目木结构整体应用面积约为 1.8 万 m^2，量约 3000m^3，该建筑运用全实木材料建设，被称为“会呼吸的房子”。该项目以木结构代替传统混凝土，可实现吸收温室气体约 1200t，木材中储存的 CO_2 约 3100t，总体潜在碳效益约 4300t，相当于约 900 辆小汽车一年的碳排放量，对于“双碳”战略的发展有十分重要的现实意义。在木-混凝土结构体系上，该项目应用上述专利技术，将钢构件预埋与木柱之间实现有效的竖向与横向连接的创新，进一步增强了木-混凝土结构的稳定性，并通过反复模拟研究，实现在创新背景下结构和消防设计均满足规范要求，是目前国内第一座通过施工图审查的木-混凝土组合建筑。

图 2-15 江苏省康复医院项目效果图

该项目木结构构件采用工厂集中加工方式，经过冲锯、刨光、抗剪试验、加压、开槽等 20 余项工艺加工后打包、装车运至现场安装。施工过程，如图 2-17 所示，在混凝土中

图 2-16　江苏省康复医院项目实景图

预埋螺栓与结构钢筋连接，与混凝土整体浇筑；柱脚连接钢板采用 Q355B 钢材；自攻连接件采用不锈钢销轴，其材料抗拉强度设计值不低于 530MPa，抗剪强度设计值不低于 318MPa；胶合木填钢板处开槽宽度较钢板厚度大 2mm，木结构开孔对于螺栓连接取螺杆直径＋(1～2)mm，对于销栓连接取销栓直径－(0.5～1)mm。

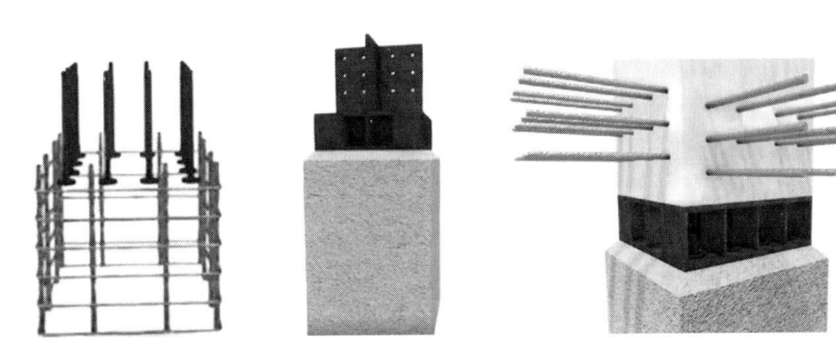

图 2-17　可抗弯的木结构柱脚连接节点

4. 装配式围护部品

根据相关专利库检索结果，如图 2-18 所示，为 2018—2022 年间装配式围护部品相关的公开发明专利数量，2022 年关于装配式围护部品的专利数量为 111 项，相较 2021 年数量有所下降。主要原因是近些年来随着装配式“三板”政策的推广，装配式围护部品方面的技术和项目趋于成熟，新增专利数量有下降趋势。

选择公开时间为 2018—2022 年，对公开发明专利所属单位进行分析。其中 2018—2022 年专利数量前 6 名的单位如图 2-19 所示。其中，金螳螂精装科技（苏州）有限公司 2022 年关于装配式围护部品方面公开的发明专利共 40 项，发表专利数量位列行业第一。

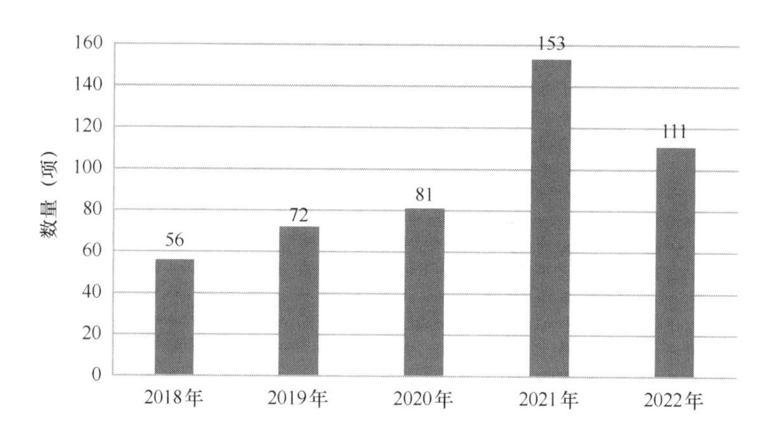

图 2-18　2018—2022 年装配式围护部品公开的发明专利数量

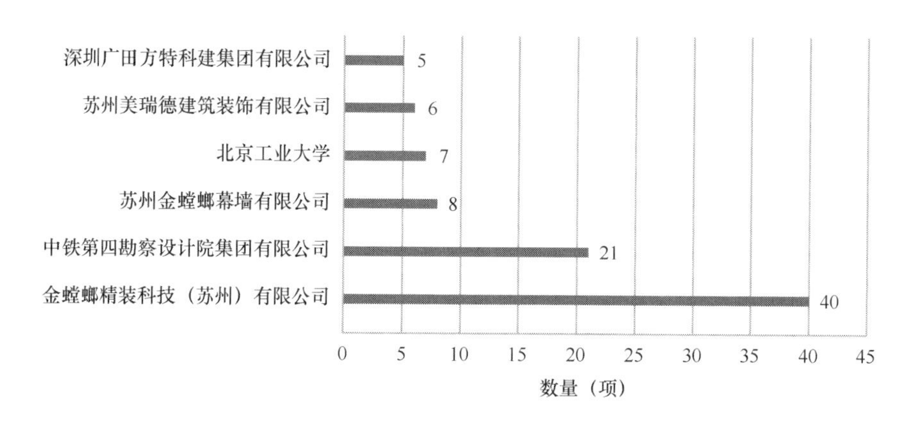

图 2-19　2018—2022 年装配式围护部品公开发明专利数量前 6 名申请单位

根据相关专利库检索结果，分析 2022 年装配式围护部品各领域研究情况，如图 2-20 所示，装配式围护部品发明专利主要集中在“建筑外墙”“幕墙”“施工方法”等方面。

有代表性的装配式围护部品专利——一种基于 VIP 真空板的围护墙保温系统[4]（公开号：CN202221680760.8）

该发明提出了一种基于 VIP 真空保温板的围护墙保温系统，如图 2-21 所示，由室内结构板材、轻钢龙骨、玻璃丝棉保温板、VIP 真空保温板、室外结构板材、隔汽防潮膜、保温装饰一体板组成。其中，VIP 真空保温板导热系数极低，能够满足较高的保温性能要求，同时具有保温层厚度薄、体积小、重量轻等优点，适用于保温性能要求高的严寒地区，有较大的技术价值与经济价值。

5. 装配式装修

根据相关专利库检索结果，如图 2-22 所示，为 2018—2022 年间装配式装修相关的公开发明专利数量，2022 年关于装配式装修的专利数量为 164 项，相较 2021 年数量有所下降。

装配式装修具有工厂预制、模块化设计、快速施工的特点优势，与新型建筑工业发展

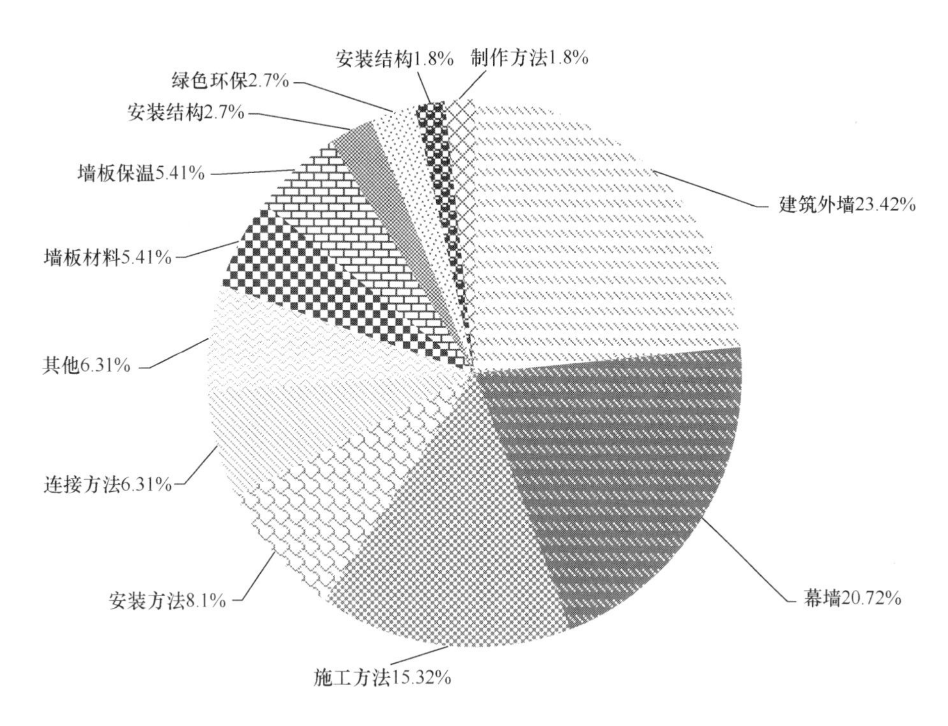

图 2-20　2022 年装配式围护部品相关公开发明专利的主题情况

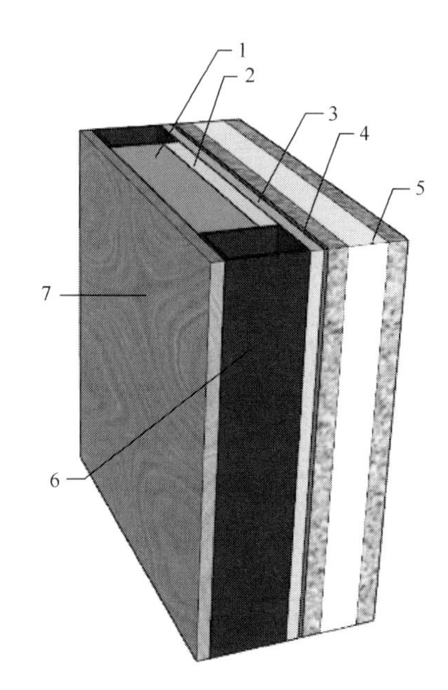

图 2-21　VIP 真空围护保温系统构成示意图

1—玻璃丝棉保温板；2—真空保温板；3—室外结构板材；4—隔汽防潮膜；

5—保温装饰一体板；6—轻钢钢骨围护墙；7—室内结构板材

需求相符合，在过去几年得到了广泛的发展。2021 年是装配式装修行业快速增长的一年，许多创新公司和个人投入了大量的资源来开发新技术，虽然 2022 年相对数量增长放缓，但相关政策的出台和市场的需求决定了装配式装修积极发展的趋势，相关专利整体由数量

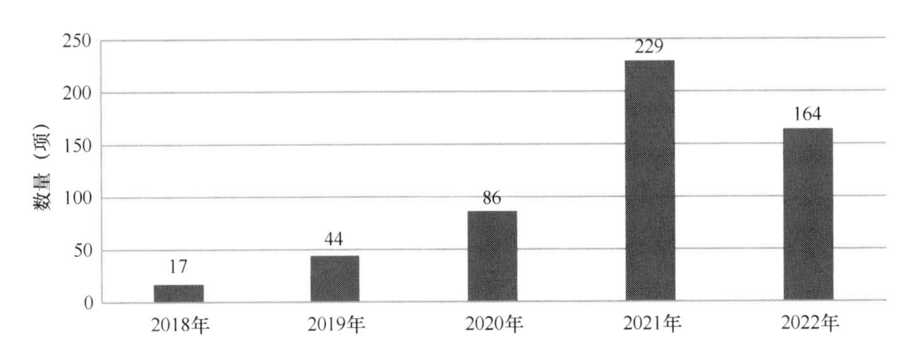

图 2-22　2018—2022 年装配式装修公开的发明专利数量

的快速增长转为了质量的提升。

选择公开时间为 2018—2022 年，对公开发明专利所属单位及个人进行分析。其中专利申请数量排名靠前单位如图 2-23 所示。结果显示，金螳螂精装科技（苏州）有限公司累计申请的专利数量最多，总数为 108 项。根据统计数据可以看出，虽然装配式装修相关的公开发明专利的数量没有明显提升，但申请单位除了装配式装修相关企业以外有更多的个人申请人参与其中，装配式装修领域出现了更多的开放性和包容性，对其发展产生积极的影响。

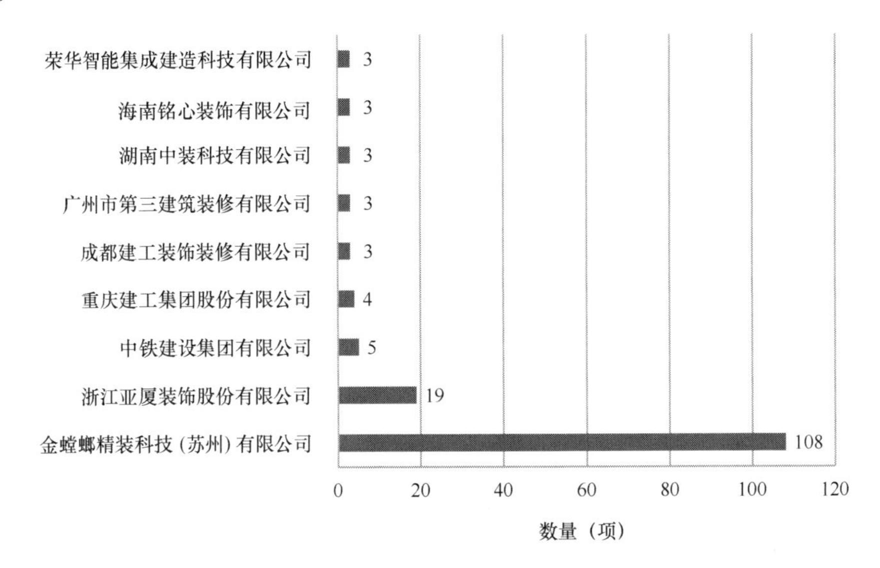

图 2-23　2018—2022 年装配式装修公开发明专利数量排名靠前申请单位及个人

根据相关专利库检索结果，分析 2022 年装配式装修各领域研究情况，结果如图 2-24 所示，装配式装修专利主题主要集中在相关部品及工艺，其中体系与方法也占据了一定比重。由此可见，相关体系和方案的研究更好地推动了传统装修行业转型，为建筑工业化装配式装修发展奠定了理论基础。

有代表性的装配式装修专利——一种装配式装饰面的固定结构[5]（公开号 CN 114086731 A）

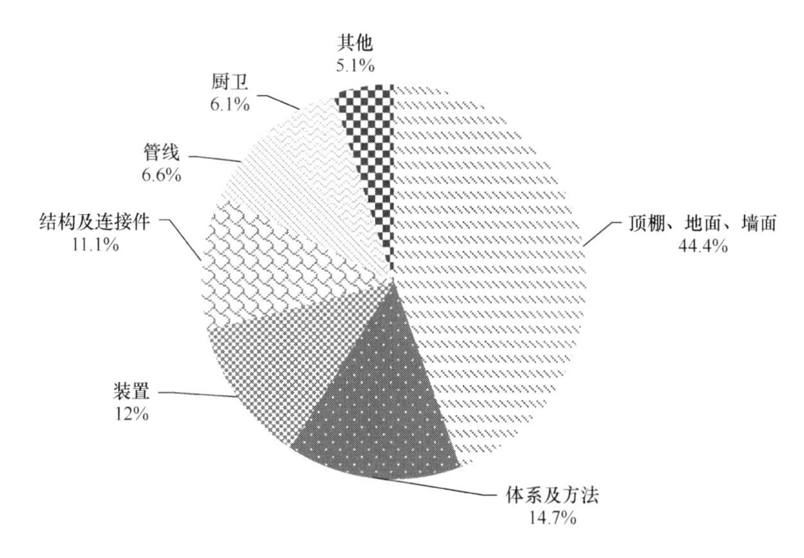

图 2-24　2022 年装配式装修相关公开发明专利的主题

该发明提出了一种装配式装饰面的固定结构，如图 2-25 所示，该发明专利是通过安装组件安装于墙面的装饰面板，安装组件包括延伸板和安装板，墙面上固定有连接板，延伸板固定于连接板上并沿垂直于墙面的方向水平延伸，装饰面板靠近墙面的侧壁上固定有固定板，安装板安装于固定板上并沿竖直方向延伸，延伸板上开设有贯穿孔，安装板配合穿设于贯穿孔处。采用上述技术方案，通过安装板和延伸板的插接定位实现装饰面板在墙体上的便捷安装，解决传统通过人工将装饰面板钉在墙板，费时费力的问题。

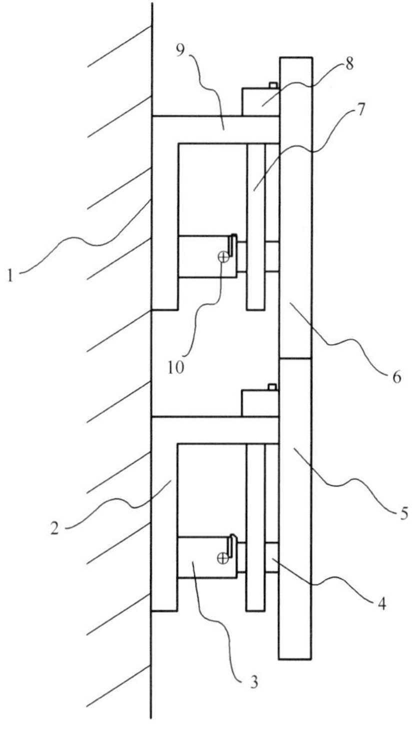

图 2-25　一种装配式装饰面的固定结构节点示意图

1—墙面；2—连接板；3—轴套；4—锁定杆；5—装饰面板；6—安装组件；7—插接板；8—固定板；9—延伸板；10—定位螺栓

2.1.2　桥梁工程

根据相关专利库检索结果，2018—2022 年间装配式桥梁相关的公开发明专利数量的变化如图 2-26 所示，近 3 年来每年新增公开发明专利数量均超过 300 项。随着装配式桥梁行业的快速发展和广泛的工程应用，高校和企业均认识到了发展适合于工业化建造的结构形式和施工方法的重要意义，围绕着装配式桥梁的结构形式、节点设计、工法创新、新材料应用等方面结合工程实际进行了大量研发工作，形成了一系列发明成果。

选择公开时间为 2018—2022 年，对公开发明专利所属单位进行分析。其中专利数量前 7 名如

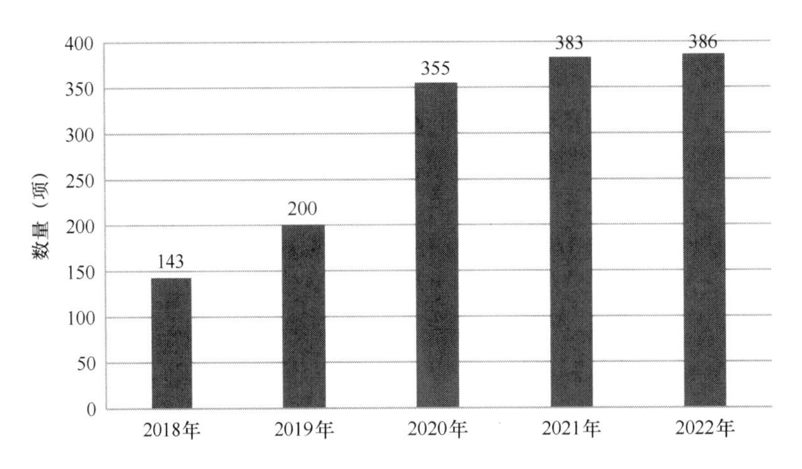

图 2-26　2018—2022 年装配式桥梁相关的公开发明专利数量

图 2-27所示。结果显示，同济大学、上海市政工程设计研究总院（集团）有限公司、东南大学和上海市城市建设设计研究总院（集团）有限公司等单位的相关专利数量较多。可以看出，除了高校，近几年申请装配式桥梁相关专利的单位以相关行业的公司/企业为主，越来越多的企业参与到了装配式桥梁的研发工作中。

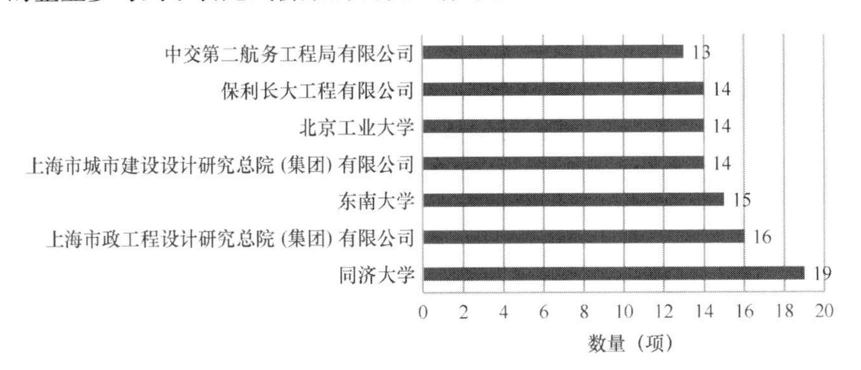

图 2-27　2018—2022 年装配式桥梁公开发明专利的申请单位统计

根据相关专利库检索结果，分析装配式桥梁各领域研究情况，2018—2022 年装配式桥梁相关的公开发明专利研究方向如图 2-28 和图 2-29 所示，上部结构相关的专利方向包括“施工方法”“预制拼装”“桥面板”“钢混组合”等，与下部结构相关的专利方向包括“施工方法”“桥梁墩柱”“限位板”等，与连接方式相关的专利方向则包括“固定连接”“钢筋骨架”“湿接缝”等。

下面分别对具有代表性的装配式桥梁上部结构、下部结构和连接方式公开发明专利进行介绍。

1）上部结构：一种预制装配式钢混组合桥梁结构及其施工方法[6]（公开号：CN115506226A）

该发明提出了一种预制装配式钢混组合桥梁结构，两个基座与立柱之间设有第一连接机构，两个立柱的顶部设置横梁，横梁与两个立柱之间设有第二连接机构，横梁的顶部设

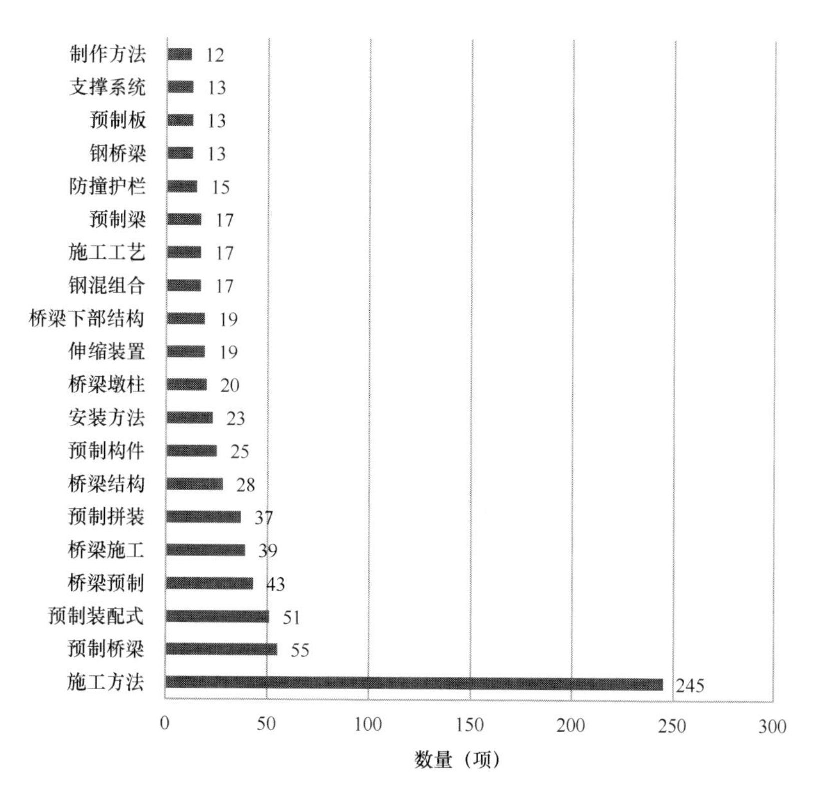

图 2-28　2018—2022 年装配式桥梁公开发明专利研究方向（主要关键词）

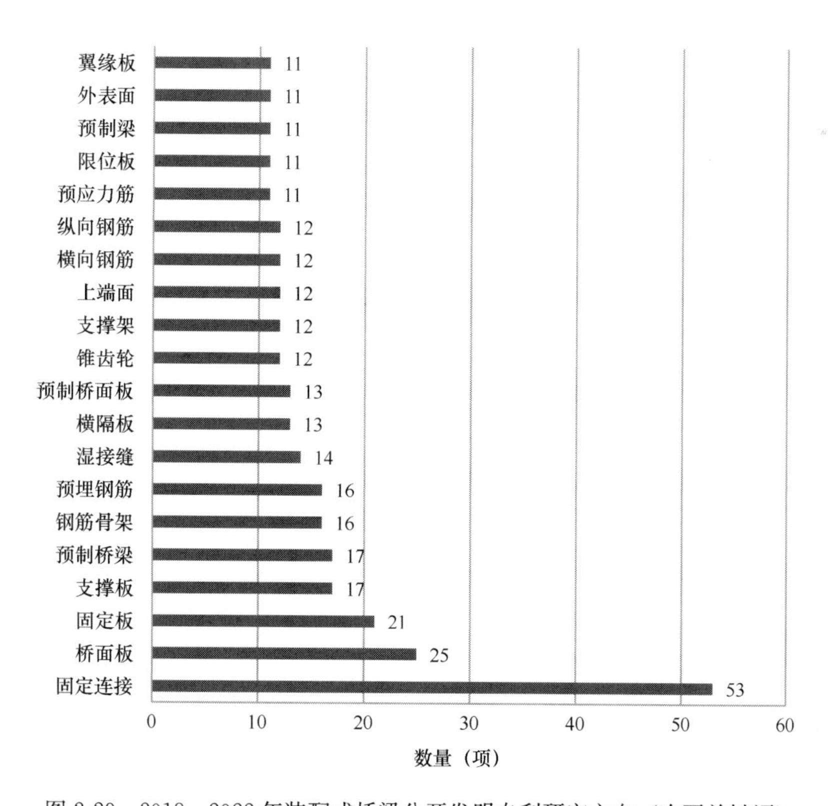

图 2-29　2018—2022 年装配式桥梁公开发明专利研究方向（次要关键词）

有箱梁；立柱与横梁之间均设有支撑机构；箱梁内设有多个用于使箱梁避震的避震机构；横梁的两侧设有在箱梁偏斜时报警的报警机构；传统的钢混组合桥梁在使用过程中，由于缺少对钢混组合桥梁一侧进行支撑的机构，当钢混组合桥梁一侧受力较大时可能发生翻塌，造成较大的事故。这种新型结构形式可解决这一问题，如图 2-30 所示。

2）下部结构：内侧钢筋不连接的预制空心桥墩[7]（公开号：CN111705630A）

该发明提出了一种内侧钢筋不连接的预制空心桥墩，主要包括空心的桥墩主体，桥墩主体的顶端和底端分别设置有盖梁和承台，桥墩的内外侧分别设置有内侧纵向钢筋和外侧纵向钢筋。外侧纵向钢筋分别通过连接构件与盖梁和承台连接，内侧纵向钢筋不伸入盖梁和承台中。该发明提出的空心桥墩主体中的内侧纵向钢筋和外侧纵向钢筋不必布置灌浆套筒连接，不仅能有效提升桥墩主体的墩底连接部位混凝土浇筑质量，同时也不影响结构的传力性能，如图 2-31 所示。

3）连接方式：一种预制装配式桥梁下部结构插槽式与承插式组合连接结构[8]（公开号：CN112502030A）

该发明提出了一种预制装配式桥梁下部结构插槽式与承插式组合连接结构，包括预制桥墩、预制桥墩主筋、承台、定位垫块、垫层、波纹管、钢筋网、钢模板、后浇杯口。所述的预制桥墩下部嵌有钢模板；所述的预制桥墩底面与承台杯口顶面间设置砂浆垫层；所述的波纹管预埋承台内，其数量和位置须与设置的开槽口、预制桥墩主筋相匹配以使预制桥墩主筋插入承台波纹管内；所述的钢筋网设置在承台后浇杯口内，通过后浇混凝土将预制桥墩和承台连接成整体。该发明施工简便，质量可控、易控，安全可靠；通过外伸预制桥墩主筋和设置后浇

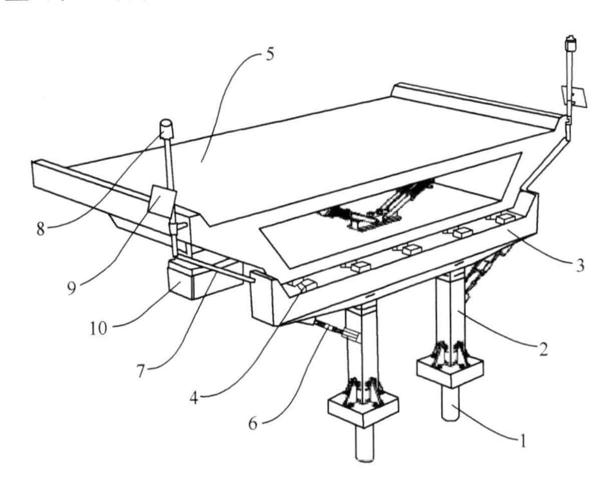

图 2-30　一种预制装配式钢混组合桥梁结构示意图

1—基座；2—立柱；3—横梁；4—垫块；5—箱梁；6—支撑机构；7—安装架；8—警报灯；9—光伏板；10—控制箱

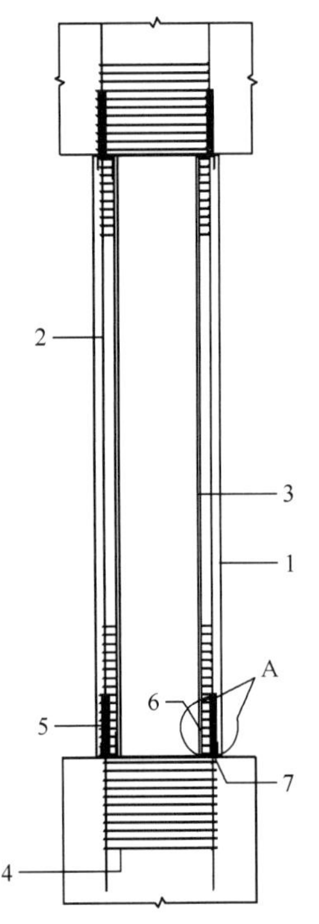

图 2-31　内侧钢筋不连接的预制空心桥墩示意图

1—空心桥墩主体；2—外侧纵向钢筋；3—内侧纵向钢筋；4—箍筋；5—连接构件；6—加强钢筋；7—垫层

杯口，承载力大大提高，强度高，延性良好，可用于高地震区预制装配式桥梁下部结构连接，适用范围广泛，如图 2-32 所示。

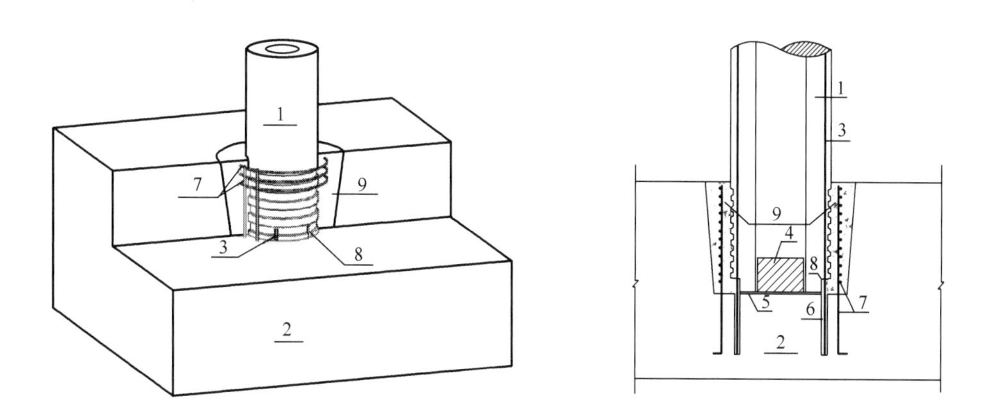

图 2-32　一种预制装配式桥梁下部结构插槽式与承插式组合连接结构示意图

1—预制桥墩；2—承台；3—预制桥墩主筋；4—定位挡块；5—垫层；6—波纹管；7—钢筋网；8—钢模板；9—后浇杯口

2.1.3　地下工程

根据相关专利库检索结果，2018—2022 年间装配式地下工程相关的公开发明专利数量如图 2-33 所示。由图可知，在 2018—2022 年间相关专利申请数量逐步上升，并于 2022 年达到 188 项。可以看出，近几年来科研人员和设计人员对装配式地下工程相关技术的研究兴趣和投入逐步提高。

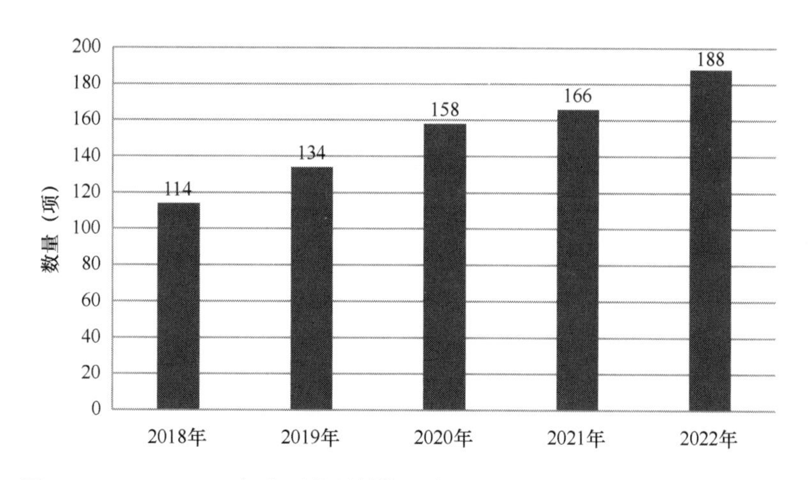

图 2-33　2018—2022 年公开的预制装配式地下工程相关的公开发明专利数量

选择公开时间为 2018—2022 年，对公开发明专利所属单位进行分析。其中，2018—2022 年专利数量靠前的单位如图 2-34 所示，申请单位主要为工程设计单位和高校。由图可以看出，各工程设计单位和高校为地下工程相关专利研发作出了贡献，装配式地下工程的发展也取得了不断的进步。

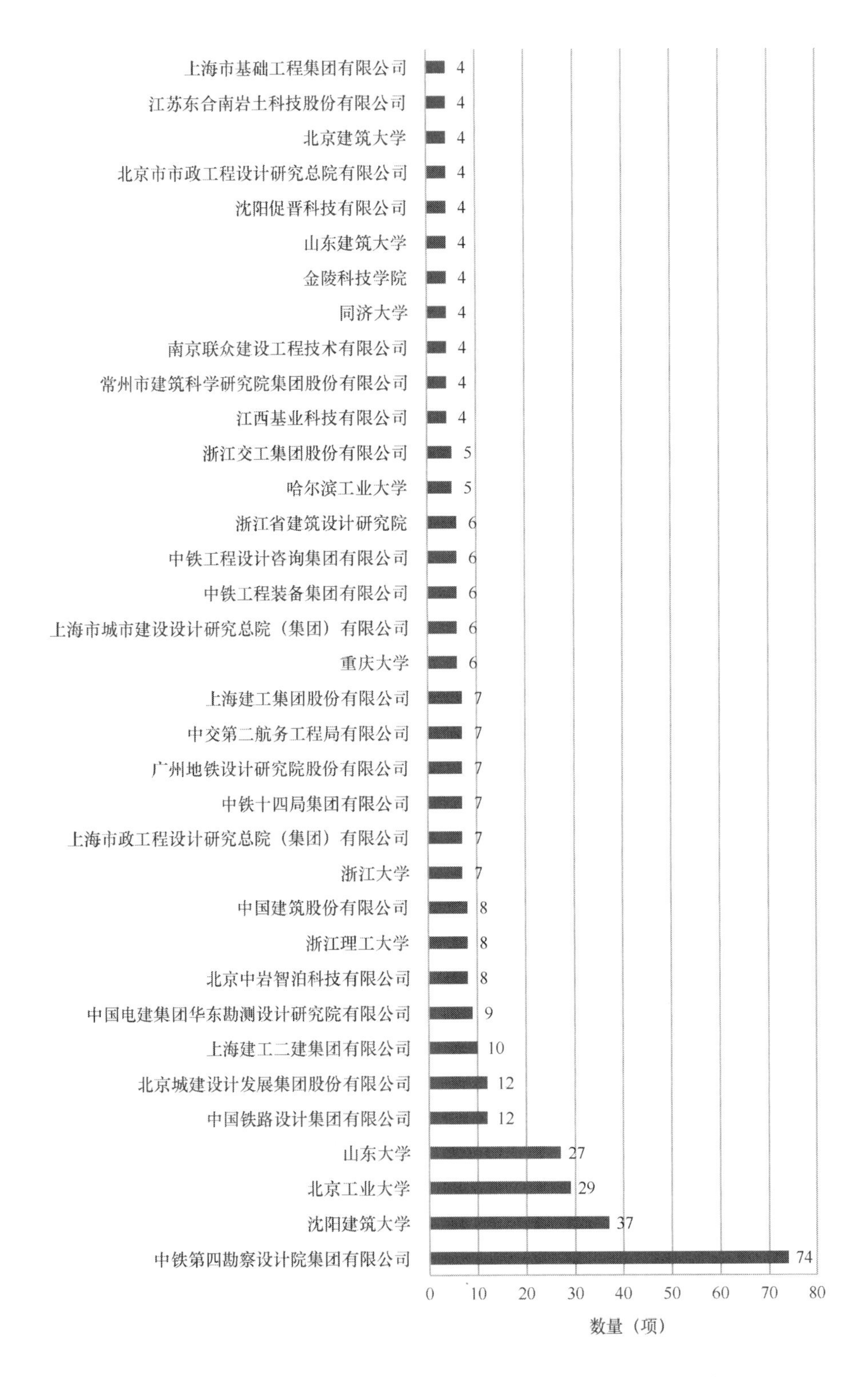

图 2-34　2018—2022 年装配式地下工程公开发明专利数量靠前单位

根据相关专利库检索结果，分析 2022 年装配式地下工程各领域研究情况，结果如图 2-35所示，地下工程预制装配式结构专利方面，大部分针对“地下综合管廊”和“地下连续墙”，并将问题聚焦于预制装配式结构的“施工方法”方面，针对实际施工中的问题展开。针对不同地下结构的不同研究问题，针对“地下结构防排水”“连接节点”“地下结构抗震”等问题的研究占主要部分。

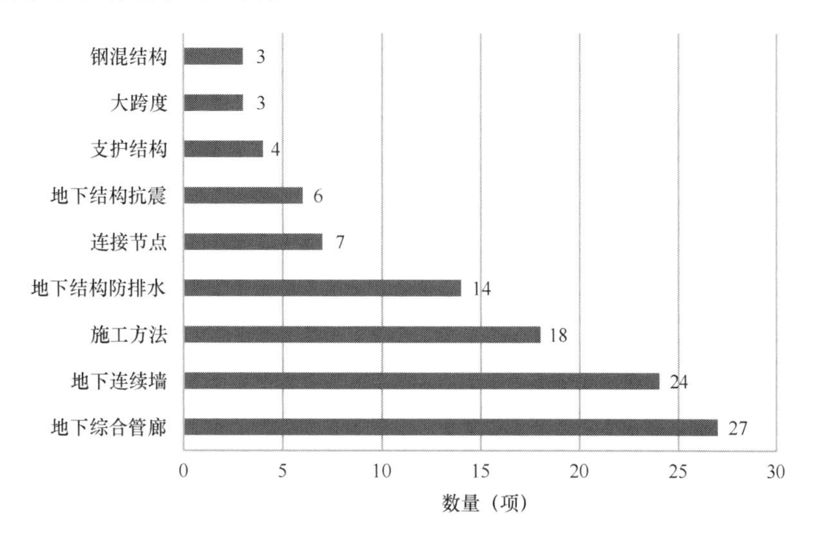

图 2-35　2022 年装配式地下工程相关公开发明专利的主题情况

下面整合了 188 篇专利的摘要全文，对其进行词云统计。如图 2-36 所示，除“预制”“装配式”等关键词之外，其他主要关键词由频率从高到低包括“连接”“连续墙”“安装”“管廊”“墙”“板”“柱”等。即 2022 年度地下结构相关专利申请主要围绕“地下连续墙”和“地下综合管廊”开展。

图 2-36　摘要全文词云统计

上文对地下工程预制装配式相关专利的申请单位、主题和摘要关键词进行了分析，以下将根据上述分析结果，选取若干项典型专利进行介绍。分别选取“地下连续墙”“综合管廊”“预制装配式结构”为关键词，针对相关专利进行分析。

装配式地下连续墙连接节点及其施工方法（公开号：CN 115387323 A）

该发明提出了一种装配式地下连续墙连接节点及其施工方法，如图 2-37 所示。连接节点分 A 形节点与 K 形节点，A 形节点用于常规段拼装节点连接，K 形节点用于两个常规段拼装段的相互连接。地下连续墙的装配节段分为 A 形墙片与 K 形墙片，A 形墙片用于常规段的拼装，K 形墙片用于 A 形节点与 K 形节点的拼装。A 形节点呈内嵌式棱柱，在常规段墙片拼装时，可先吊装 A 形墙片后吊装 A 形节点，不影响吊装进度。K 形节点呈工字形，在两段常规墙片之间插入，可挤密常规段墙片之间的间隙，提高止水效果，增加装配式地下连续墙的整体性。此发明可提高装配结构整体性，具有良好的止水效果。

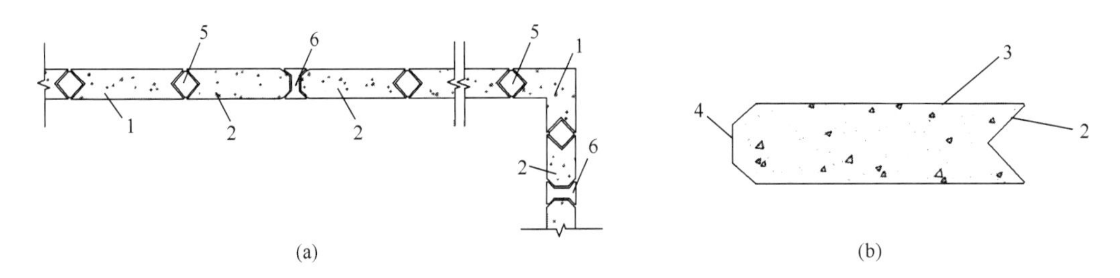

图 2-37　装配式地下连续墙连接节点示意图

1—A 形墙片；2—V 字形；3—K 形墙片；4—半工字形；5—A 形节点；6—K 形节点

2.1.4　绿色建造

根据相关专利库检索结果，2018—2022 年的绿色建造相关公开发明专利数量逐年增长，如图 2-38 所示。其中，2022 年新公开专利为 203 项，同比增长了 15.3%。可见，众多建筑企业及高校加快了对绿色节能建造技术和产品的研究，强化技术创新，并加强了对自主创新的知识产权保护力度。

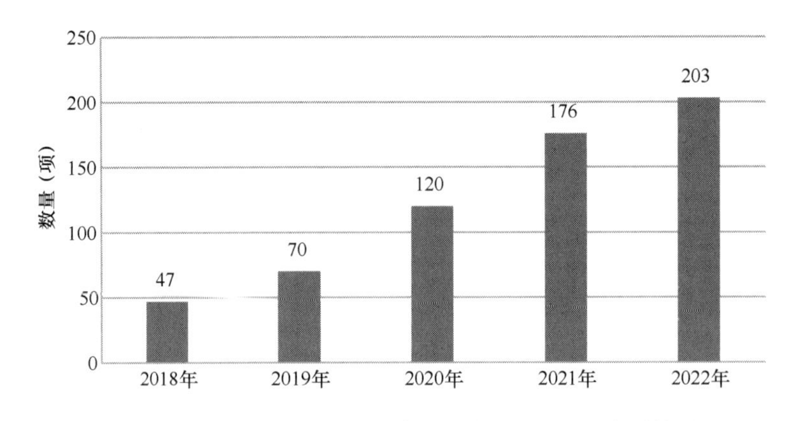

图 2-38　2018—2022 年绿色建造相关的公开发明专利数量

选择公开时间为 2018—2022 年，对公开发明专利所属单位进行分析。其专利数量前 10 名的申请单位如图 2-39 所示。

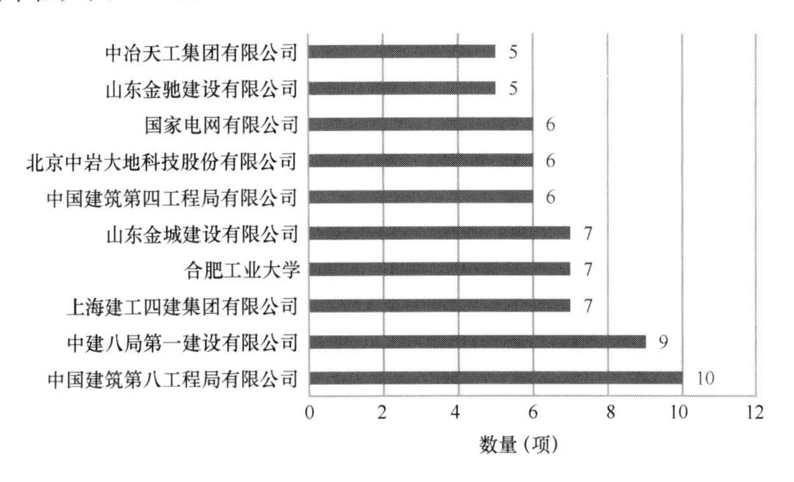

图 2-39　2018—2022 年绿色建造公开发明专利数量前 10 名申请单位

根据相关专利库检索结果，分析 2022 年绿色建造各领域研究情况，结果如图 2-40 所示，绿色建造发明专利主要集中在“绿色建材”“绿色设计”“绿色施工”“低碳建筑”方面，各方向发明专利数量分别为 90、39、53、21 项，其中“绿色建材”方向专利占比最多。可见，目前绿色建造相关专利集中在对建筑材料的改进，以达到减少污染、降低能耗的目的。

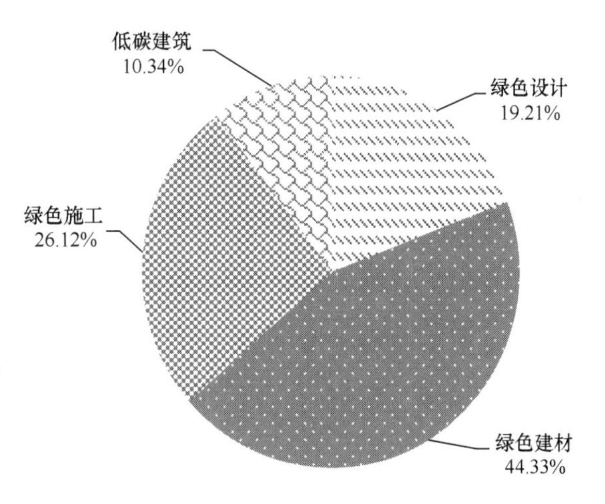

图 2-40　2022 年绿色建造相关公开发明专利的主题情况

下面对有代表性的绿色建造发明专利进行简单介绍。

1. 一种耐高温纤维增韧轻质硅晶石墙板及制备方法[9]（公开号：CN114524662A）

该发明提出了一种耐高温纤维增韧轻质硅晶石墙板及制备方法。利用大宗工业固废为原料生产的硅晶石材料，可经过一系列工艺加工后生产出硅晶石墙板，其面密度小、抗压强度高、孔径小、防火性能佳，产品强度性能指标稳定可控，韧性得到改善，同时有效改善轻质硅晶石制备过程中的开裂问题，进而保证产品的整体成品率达到 98%以上，极大地拓宽了轻质硅晶石墙板的应用。

2. 一种冷弯薄壁轻钢短肢墙柱箱式房[10]（公开号：CN114991311A）

该发明提出了一种冷弯薄壁轻钢短肢墙柱箱式房，包括框架主体以及嵌合安装在框架主体内的两对 L 形墙体以及两对面形墙体。在不改变箱式房样式的情况下，将角柱改为短肢墙，保证了建筑墙体功能布局，同时也作为结构受力构件使用，有效提高框架的支撑能力，改善整体结构抗侧移能力，且便于运输与安装，延长框架使用年限，降低了使用成本。图 2-41 为冷弯薄壁轻钢短肢墙柱箱式房的主体框架结构示意图，图 2-42 为短肢墙体的结构示意图。

图 2-41 主体框架

图 2-42 短肢墙柱

2.1.5 智能建造

根据相关专利库检索结果，2022 年建筑工业化领域中智能建造方面公开的发明专利共计 707 项，同比 2021 年略微增长，同比上升 3.8%，如图 2-43 所示。

选择公开时间为 2018—2022 年，对公开发明专利所属单位进行分析。其中，专利数量前 10 名如图 2-44 所示。统计 2018—2022 年间的 2455 项公开发明专利，有 1529 家企业

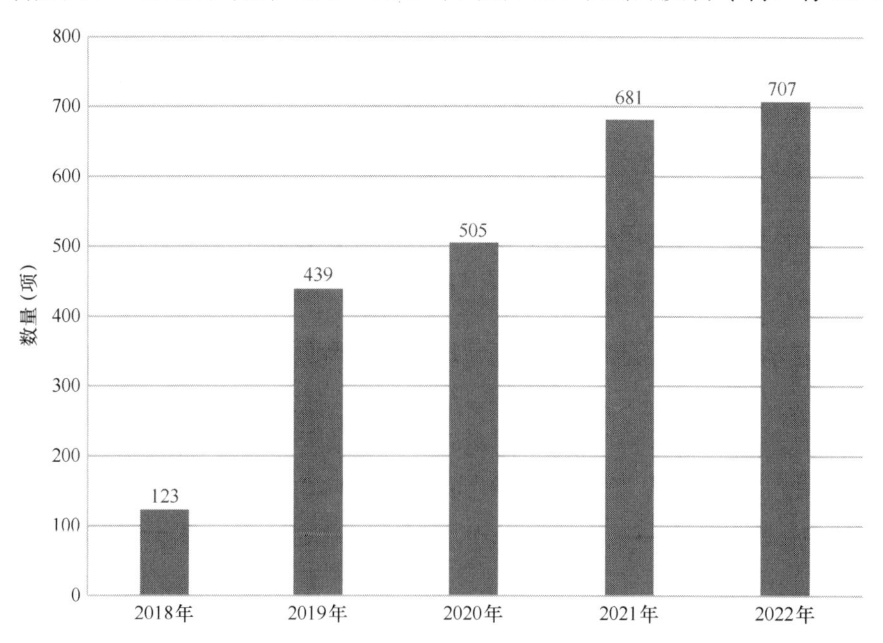

图 2-43 2018—2022 年智能建造相关的公开发明专利数量

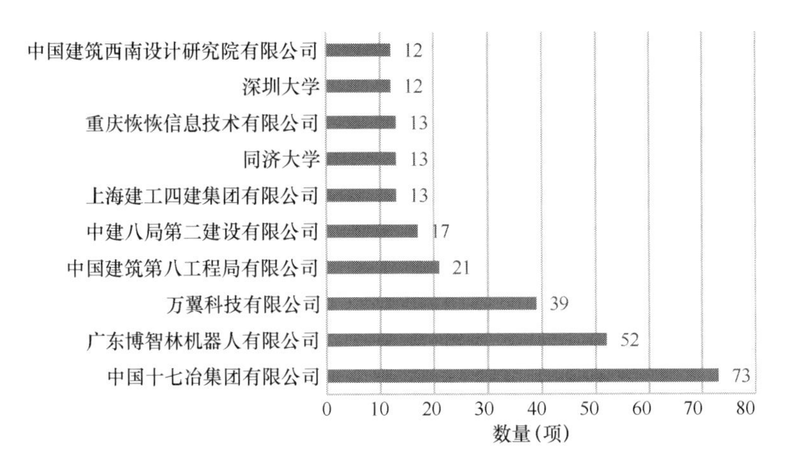

图 2-44　2018—2022 年智能建造公开发明专利数量前 10 名申请单位

或个人发布了公开发明专利，其中中国十七冶集团有限公司数量较多，为 73 项，其次为广东博智林机器人有限公司，专利数为 52 项，具体数据如图 2-44 所示。其中，企业与学校仍然是专利申请的主力军，智能建造作为国家教育业重点规划方向，经过 5 年的沉淀，高校的教育已逐渐转化成专利成果，并逐年增加。

根据相关专利库检索结果，分析 2018—2022 年智能建造各领域研究情况，从统计情况来看，目前智能建造相关的 BIM 发明公开专利有 1528 篇，其余研究课题方向较为全面，如图 2-45所示，从图中涉及的专利领域可以得出，智能建造行业正在向智能化、数字化和高效化方向发展，其借助新技术的应用和细分领域的创新，推动着整体建筑行业的进步发展。

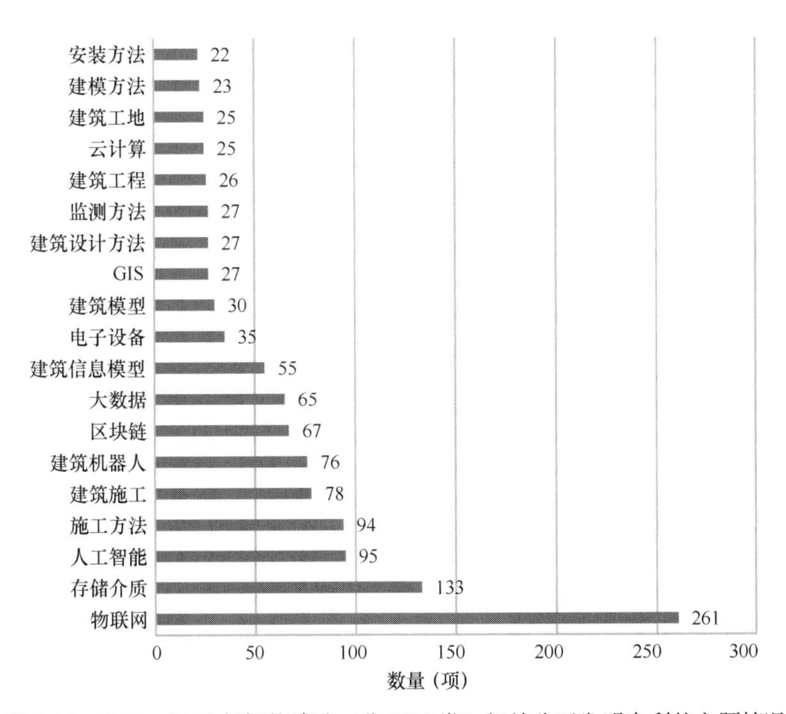

图 2-45　2018—2022 年智能建造（非 BIM 类）相关公开发明专利的主题情况

2.2 新发表论文

2.2.1 建筑工程

1. 钢结构装配式建筑

以“钢结构装配式建筑”为主题在相关数据库中搜查相关学位、期刊论文等资料，得出2018—2022年钢结构装配式建筑论文发表情况，如图2-46所示。可见，2022年钢结构装配式建筑相关的硕博论文数量下降明显，当下2022年的硕博论文数据只是已录入数据库的数据，仍有部分学校的毕业论文未及时录入，因此，该下降趋势只是暂时的。期刊论文数量变动幅度较小，各高校对钢结构装配式建筑的研究热情仍维持在较高水平。

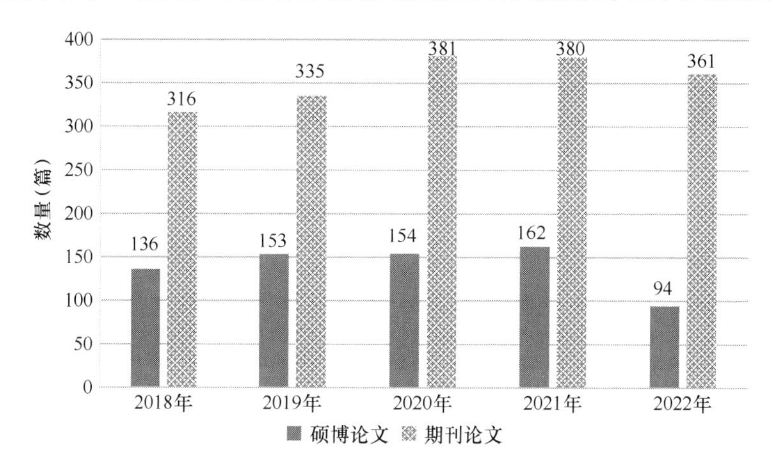

图2-46 2018—2022年钢结构装配式建筑主题硕博论文及期刊论文发表情况

对论文发表机构进行统计，2022年发表硕博论文数量排名前10名的机构见图2-47。发表期刊论文数量排名前10名的机构如图2-48所示，以大型钢结构生产建造企业和建筑

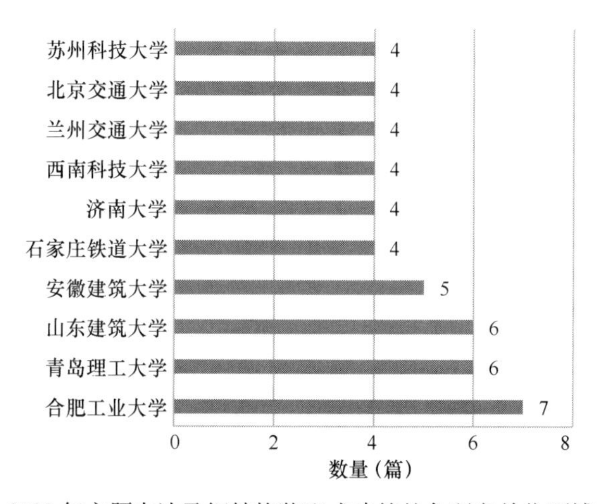

图2-47 2022年主题中涉及钢结构装配式建筑的各研究单位硕博论文统计

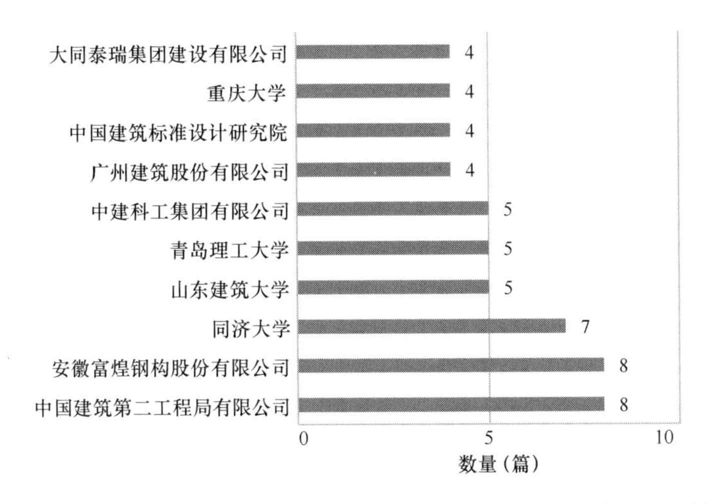

图 2-48　2022 年主题中涉及钢结构装配式建筑的各研究单位期刊论文统计

类、理工类强校为主。

对 2022 年发表的硕博论文进行研究层次分析，共分为“应用基础研究”“技术研究”“工程研究”“工程与项目管理”以及“开发研究-管理研究”五个主题，其分布比例如图 2-49所示。

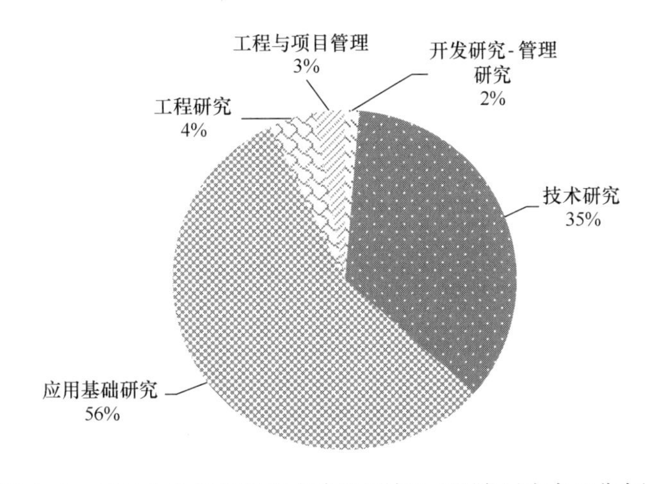

图 2-49　2022 年钢结构装配式建筑硕博论文研究层次占比分布图

对期刊论文进行研究层次分析，根据文章标题将其分为“技术开发”“技术研究”“应用基础研究”“工程研究”“工程与项目管理”以及“学科教育教学”六个主题进行统计，得出各研究主题的数量分布情况，如图 2-50 所示。

对比硕博论文和期刊论文的研究重点，发现硕博论文主要研究内容集中在应用基础方面，主要是理论知识研究，期刊论文则更注重应用技术。

2. 装配式混凝土建筑

以“装配式混凝土建筑”为主题在相关数据库中搜查相关学位、期刊论文等资料，得出 2018—2022 年装配式混凝土建筑论文发表情况，如图 2-51 所示。可见，硕博论文在

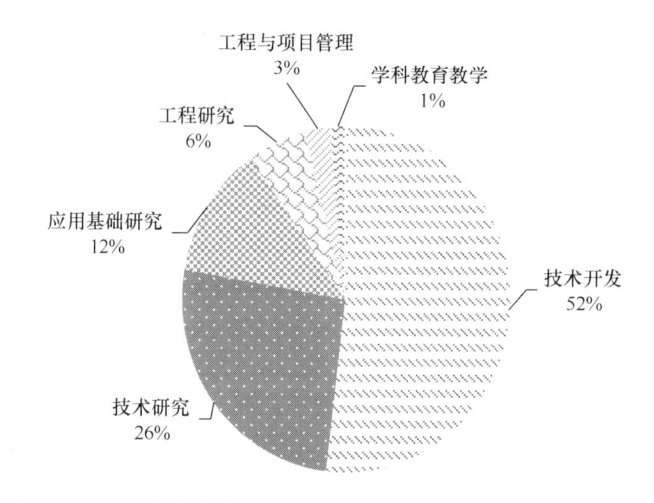

图 2-50　2022 年钢结构装配式建筑期刊论文研究层次占比分布图

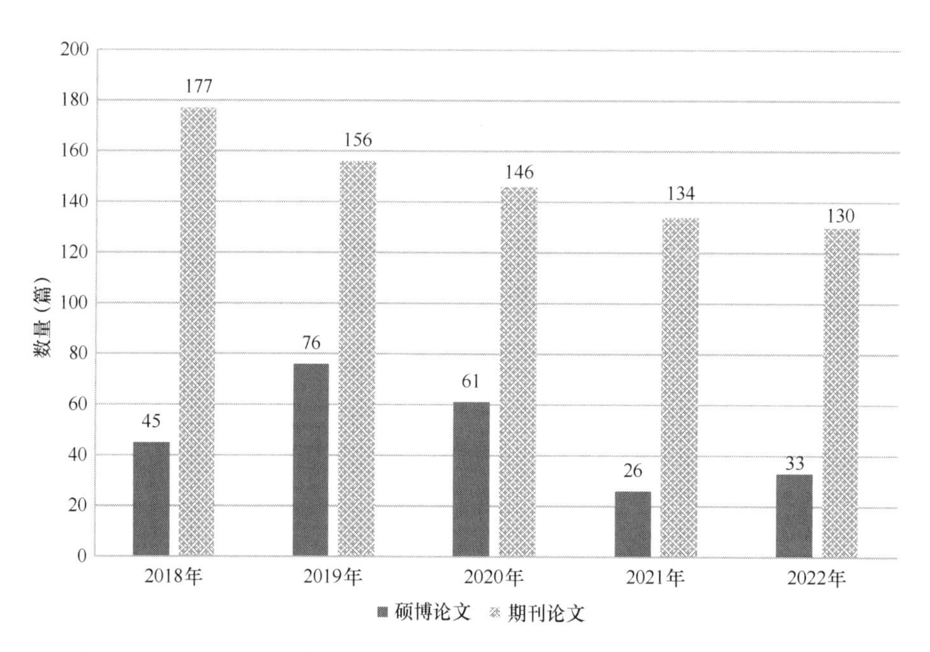

图 2-51　2018—2022 年与装配式混凝土建筑主题相关硕博及期刊论文发表情况

2019 年达到这五年的峰值，随后基本每年都在递减，期刊论文在 2018 年达到峰值，随后每年都在递减。

对论文发表机构进行统计，2022 年发表期刊论文数量排名前 10 名的机构见图 2-52。发表硕博论文数量排名前 10 名的机构如图 2-53 所示。从与装配式混凝土建筑主题相关的期刊论文与硕博论文数量来看，该领域的研究趋于稳定，结合标准发布情况，能够看出研究重点在不断深入。

从图 2-52 中可以看出，中国建筑第二工程局有限公司发表的论文在数量上名列前茅，高校方面则是以同济大学与东南大学的期刊论文数量较为靠前。

2022 年，主题涉及“装配式混凝土建筑”的硕博论文数量排名前三位的研究机构分

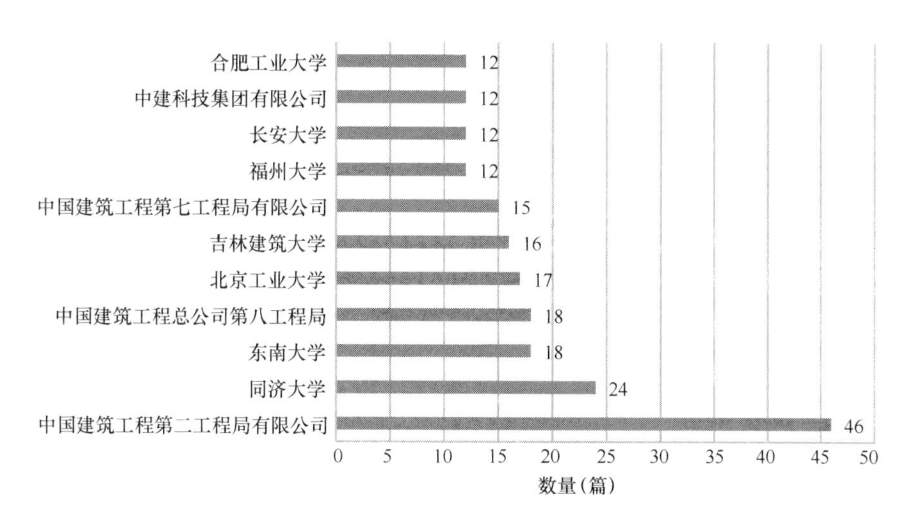

图 2-52　2022 年主题中涉及装配式混凝土建筑的各研究单位期刊论文统计

别为安徽建筑大学、沈阳建筑大学、山东建筑大学，如图 2-53 所示，虽然第一、第二未曾变化，但是后面却有所变化，更多建筑类高校纷纷研究装配式混凝土建筑，且范围扩大，构成了研究装配式混凝土建筑领域发展的中坚力量。

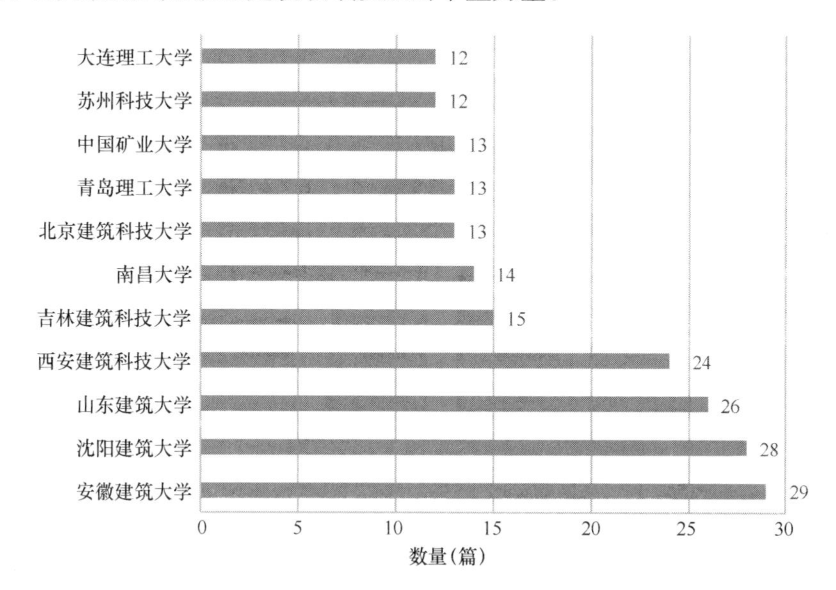

图 2-53　2022 年主题中涉及装配式混凝土建筑的各研究机构硕博论文统计

通过以上对硕博、期刊论文的分析，可以看出 2022 年在装配式混凝土建筑方面以同济大学、东南大学以及安徽建筑科技大学为首的高校科研机构，对装配式混凝土建筑技术落地与工程实施方面进行研究，以此来推进装配式混凝土建筑的发展，同时对技术基础方面进行研究与创新，使之更好地推动装配式混凝土这一行业发展，进一步推动建筑工业化发展。

如图 2-54 与图 2-55 所示，分别体现的是 2018—2022 年装配式混凝土建筑相关论文的

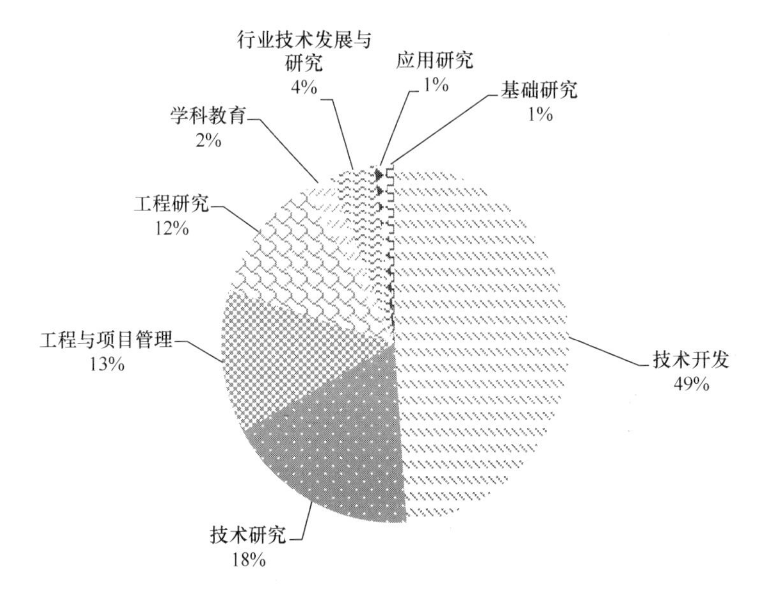

图 2-54　2022 年与装配式混凝土建筑主题相关的硕博论文方向分布图

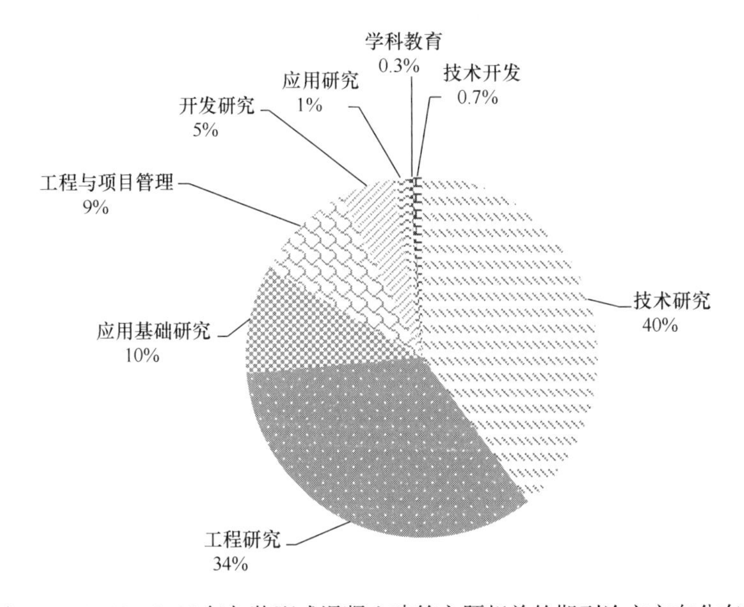

图 2-55　2018—2022 年与装配式混凝土建筑主题相关的期刊论文方向分布图

主题归类范畴，可以看出，硕博论文研究重点在于“技术开发”与“技术研究”，期刊论文研究着力点在于“技术研究”和“工程研究”，可见，装配式混凝土建筑核心还是在实际技术的研发与应用上，研发与实际项目的落地结合是装配式混凝土建筑的重中之重。

3. 木结构装配式建筑

以“木结构装配式建筑”为主题在相关数据库中搜查相关硕博、期刊论文等资料，得出 2018—2022 年木结构装配式建筑论文发表情况，如图 2-56 所示。可见，木结构装配式建筑的研究整体情况呈暗降的趋势，表明木结构装配式建筑行业的理论研究已达到一定阶

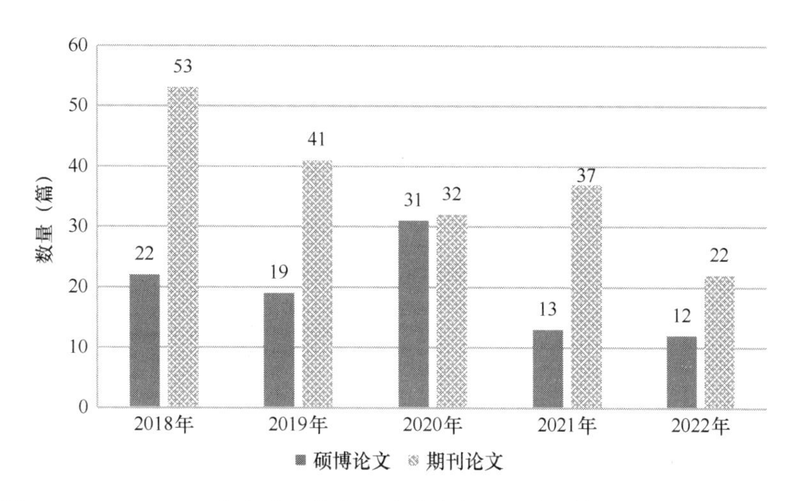

图 2-56　2018—2022 年与木结构装配式建筑主题相关硕博及期刊论文发表情况

段，随着近几年木结构相关规范标准的陆续发布，也进一步表明了木结构装配式建筑的理论发展已步入稳定期。

2022 年发表的木结构装配式建筑相关论文的主题，如图 2-57 所示。可以看出，公开的 34 篇相关的论文中，相关研究主要集中于“模块化建筑”“钢木组合结构”“设计方法”“装配连接技术”和“节能部品”等方面。其中，木结构的模块化建筑是行业较热门的研究方向，说明学者们热衷于将木结构装配式整体建筑结合环境落地，推广它的特殊性与适用性；其次是钢木组合结构的研究，致力于突破传统木结构的适用范围，通过与钢材的结合，加入大跨空间结构行列。

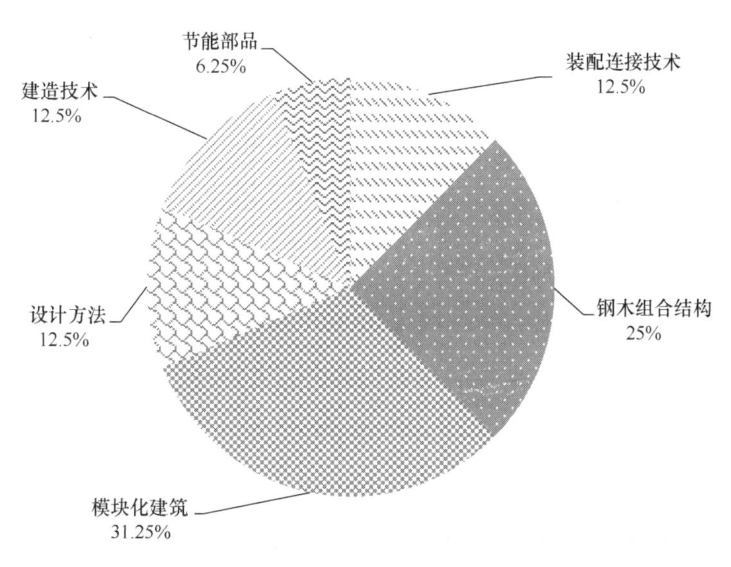

图 2-57　2022 年木结构装配式建筑论文主题占比分布图

4. 装配式围护部品

以“装配式围护部品”为主题在相关数据库中搜查相关硕博、期刊论文等资料，得出

2018—2022年装配式围护部品论文发表情况，如图2-58所示。2018—2022年间公开装配式围护部品相关硕博、期刊论文共计545篇，其中硕博论文176篇，期刊论文369篇。相对于2021年，2022年论文数量相对减少，主要由于“十三五”装配式建筑行动方案建设目标基本完成，装配式围护体系技术趋于成熟和完善，装配式围护部品领域新的研究热点相对减少。

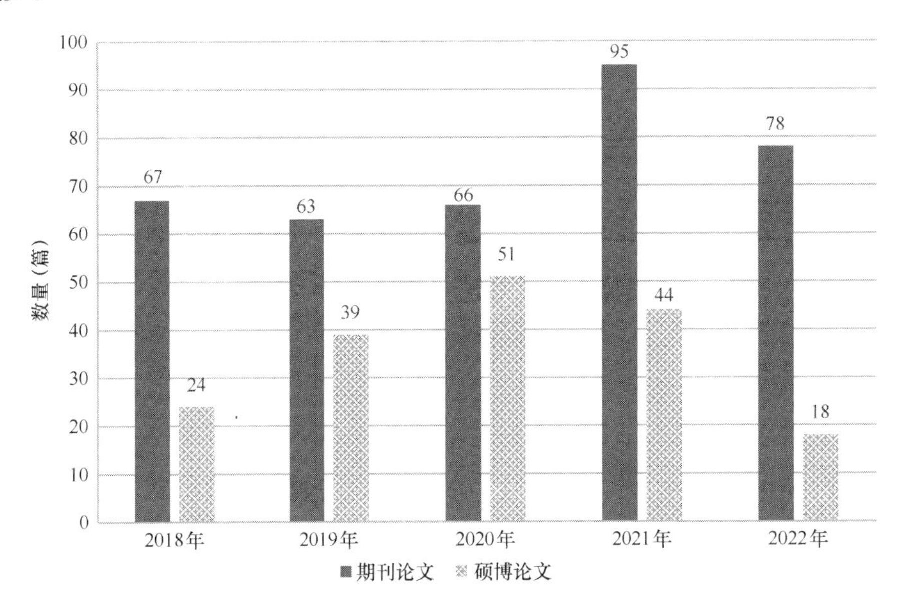

图2-58　2018—2022年装配式围护部品主题硕博及期刊论文发表情况

对论文发表机构进行统计，2022年，发表硕博论文共18篇，硕博论文主要发表单位如图2-59所示。发表期刊论文78篇，发表数量排名靠前的单位如图2-60所示。

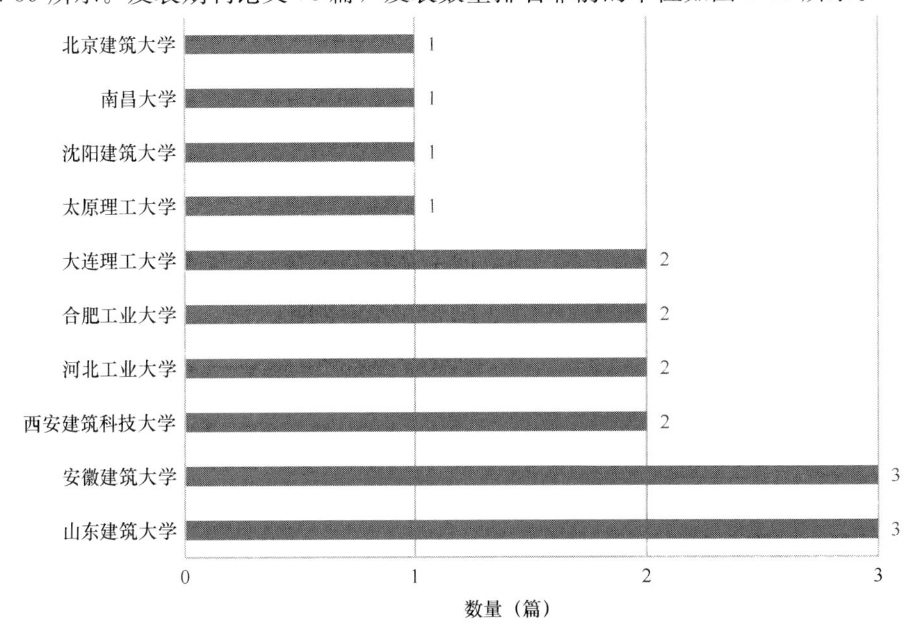

图2-59　2022年主题中涉及装配式围护部品的各研究单位硕博论文统计

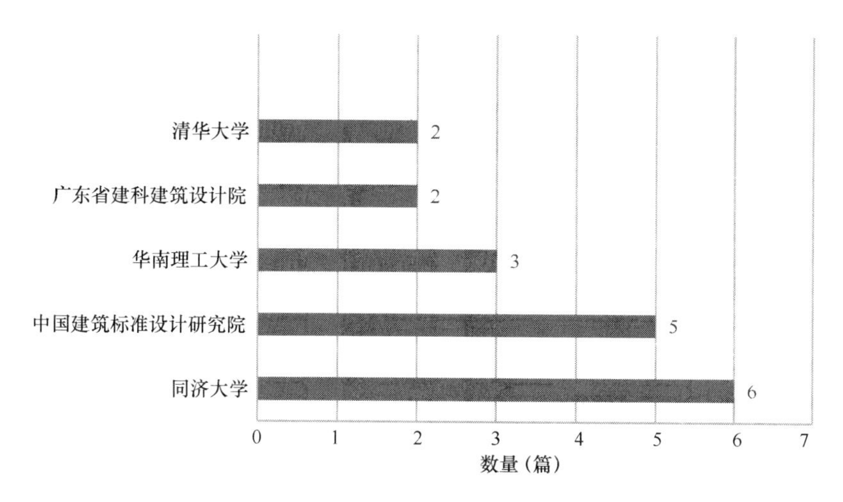

图 2-60　2022 年主题中涉及装配式围护部品的各研究单位期刊论文统计

对 2022 年发表的硕博论文进行研究层次分析，在研究主题方面，硕博论文如图 2-61 所示，主要集中在“建筑节能”“节点连接”“热工性能”等方面；期刊论文主题如图 2-62 所示，主要集中在“幕墙施工”“ALC 墙板”等方面。近年来，由于低碳理念被倡导，围护部品的研究热点也开始向低碳、降低能耗方向发展。

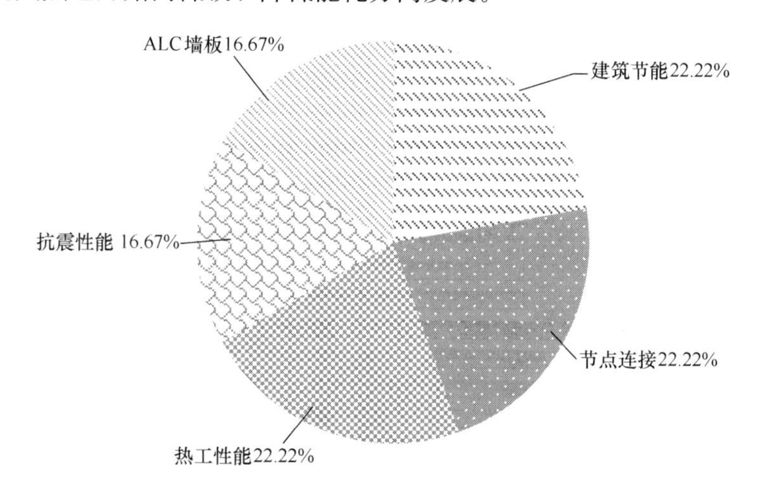

图 2-61　2022 年装配式围护部品硕博论文研究层次占比分布图

5. 装配式装修

以“装配式装修”为主题在相关数据库中搜查相关硕博、期刊论文等资料，得出 2018—2022 年装配式装修论文发表情况，如图 2-63 所示。2018—2022 年间公开发表装配式装修相关硕博、期刊论文共计 912 篇，其中硕博论文 261 篇，期刊论文 651 篇。2022 年装配式装修相关论文新增数量略微呈下降趋势，整体增速平稳。

对论文发表机构进行统计，2022 年共发表硕博论文 27 篇，期刊论文 135 篇，发表数量排名靠前单位如图 2-64 和图 2-65 所示。

对 2022 年发表的硕博和期刊论文进行研究层次分析，在研究主题方面，装配式装修

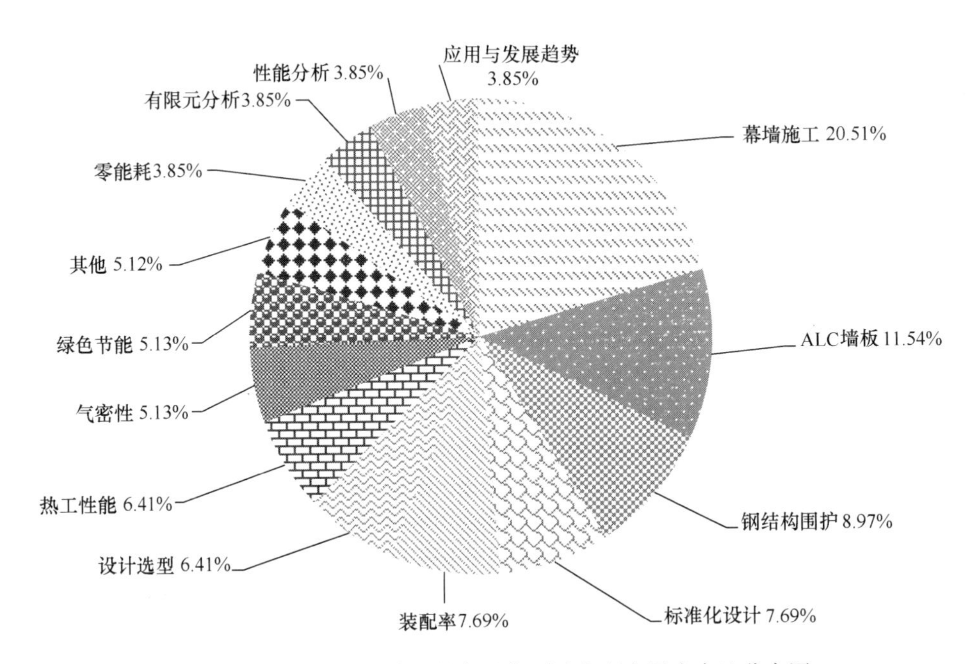

图 2-62　2022 年装配式围护部品期刊论文研究层次占比分布图

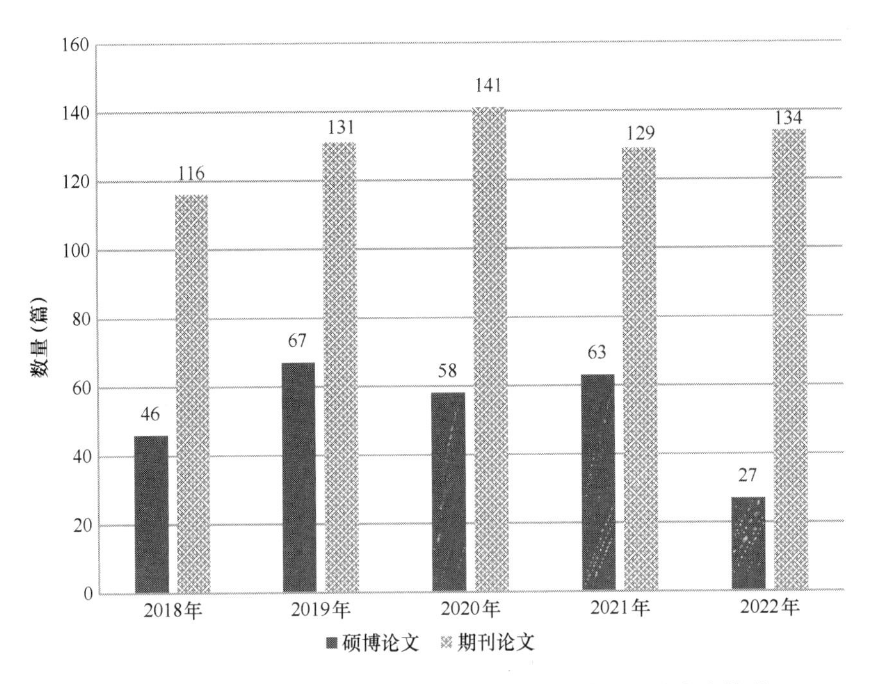

图 2-63　2018—2022 年装配式装修相关硕博及期刊论文发表情况

的相关研究主题集中在“装配式装修技术”“装配式装修效益”“装配式装修发展趋势”等方面。硕博和期刊论文主题分布分别如图 2-66 和图 2-67 所示。

各机构研究方向仍主要集中在“装配式装修技术”和“装配式装修发展趋势”两方面，且各机构对于装配式装修效益的研究热度愈加提高，其主要是对经济效益和环保效益的研究，以促进成本降低和碳排放减少。

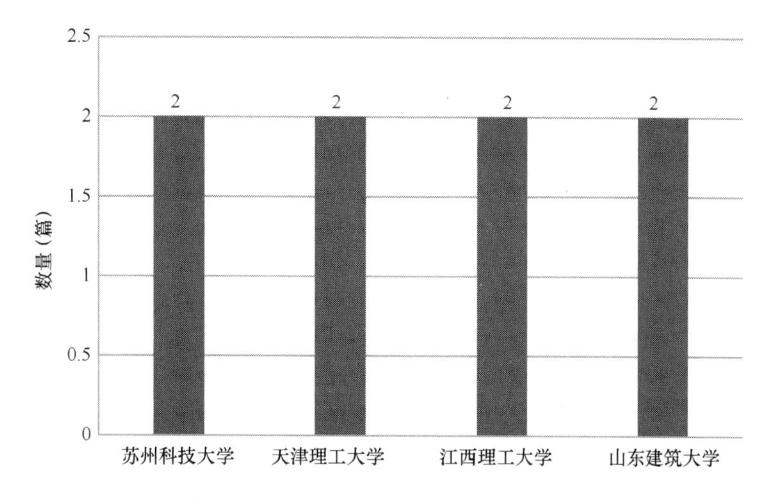

图 2-64　2022 年主题中涉及装配式装修的各研究单位硕博论文统计

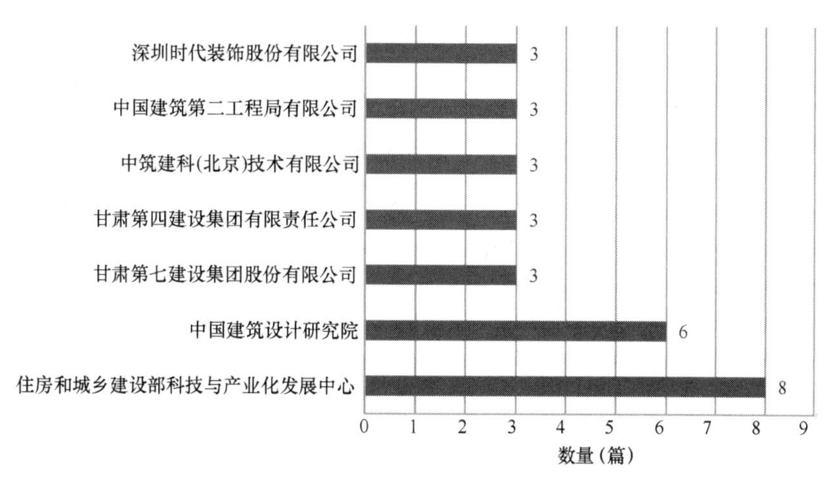

图 2-65　2022 年主题中涉及装配式装修的各研究单位期刊论文统计

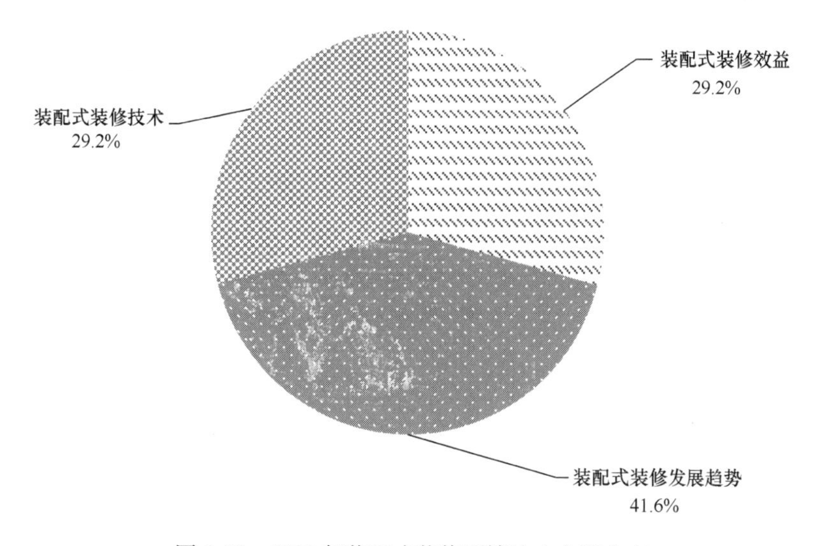

图 2-66　2022 年装配式装修硕博论文主题分布

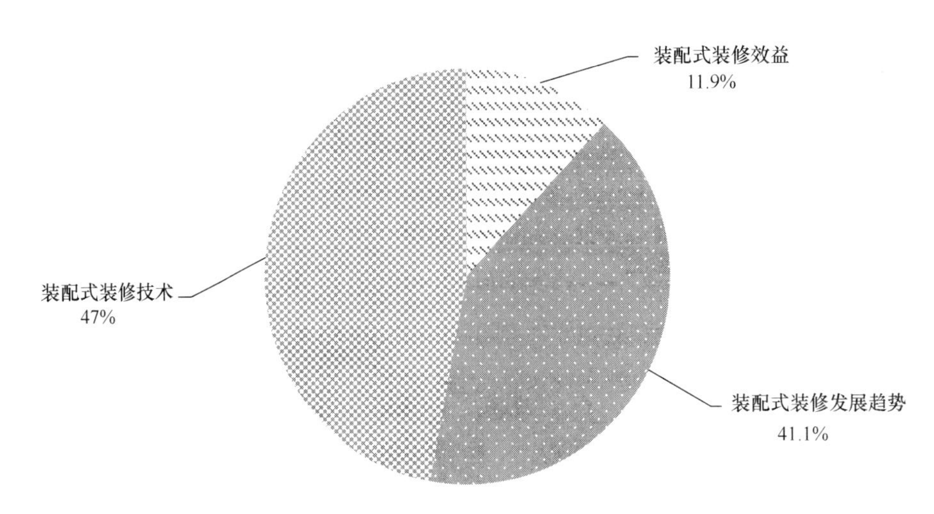

图 2-67　2022 年装配式装修期刊论文主题分布

2.2.2　桥梁工程

以“装配式桥梁”和“桥梁工业化”为关键词，在相关数据库中检索到 2018—2022 年新增的与装配式桥梁相关的硕博论文和期刊论文数量如图 2-68 所示。可以发现，2018—2022 年间相关主题的论文发表数量总体呈上升趋势，2020 年后硕博论文发表数量增速放缓，并在 2022 年度小幅下降。因总体论文样本数量较少，以下分析均以近 5 年相关论文为样本。

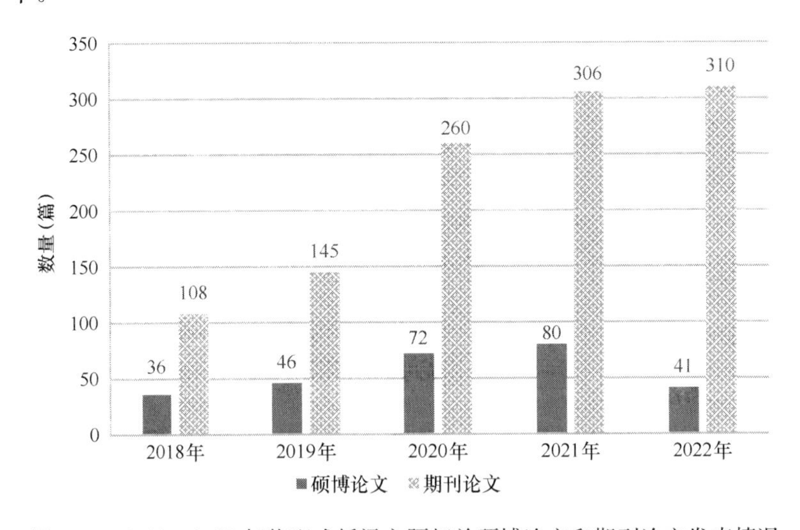

图 2-68　2018—2022 年装配式桥梁主题相关硕博论文和期刊论文发表情况

对论文发表机构进行统计，近 5 年装配式桥梁相关的硕博论文和期刊论文发表机构数量情况统计分别见图 2-69 和图 2-70。

对近 5 年发表的硕博论文进行研究方向分析，发表的硕博论文关键词主要是“抗震性能”“力学性能”“混凝土”“装配式”“BIM”等，期刊论文关键词主要是“装配式桥梁”

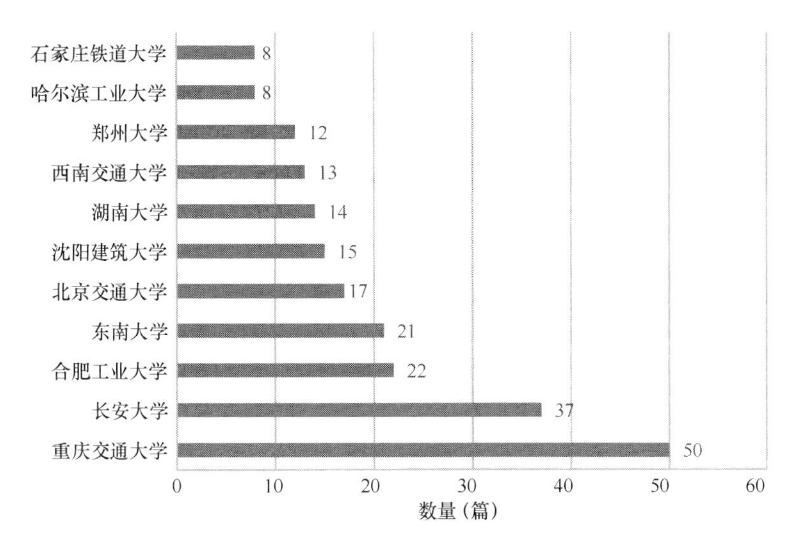

图 2-69　2018—2022 年主题中涉及装配式桥梁的各研究单位硕博论文统计

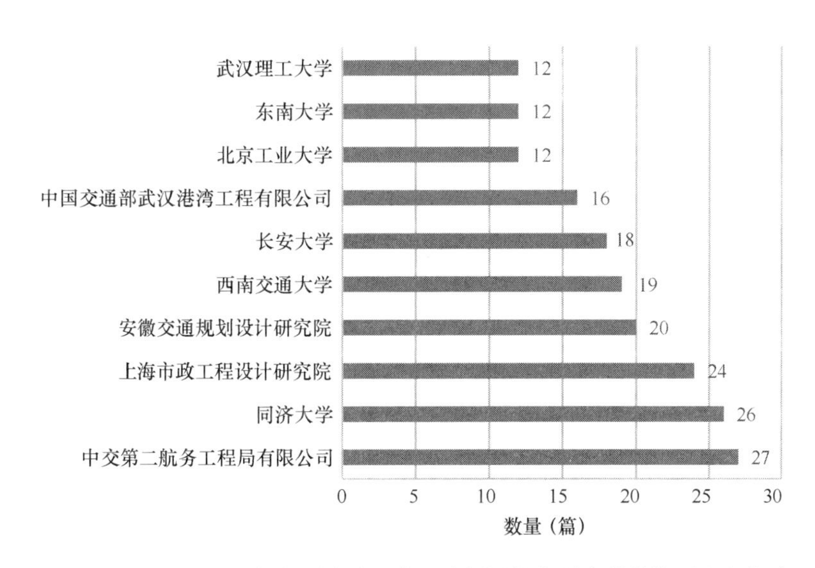

图 2-70　2018—2022 年主题中涉及装配式桥梁的各研究单位期刊论文统计

“BIM 技术”“预制拼装”“公路桥梁”“施工技术”等。

对近 5 年发表的硕博论文与期刊论文研究类型进行分析，将其分为“技术开发”“技术研究”“应用基础研究”“工程研究”“工程与项目管理”以及“其他”（包括“行业技术发展与评论”“开发研究—管理研究”“应用研究—政策研究”“学科教育教学”“实用工程技术”等）多个类型进行统计，得出的占比分布情况分别如图 2-71 及图 2-72 所示。装配式桥梁相关硕博论文的研究类型以“应用基础研究”为主，除此之外也有大量论文进行了“技术研究”，而期刊论文的主要研究类型则包括“技术开发”“技术研究”和“应用基础研究”。在装配式桥梁的“相关基础研究”“技术研究”和“技术开发”等方面，高校和企业可以进一步加强合作，加快推动新的研究成果和技术体系在工程实际中展开实践和验证。

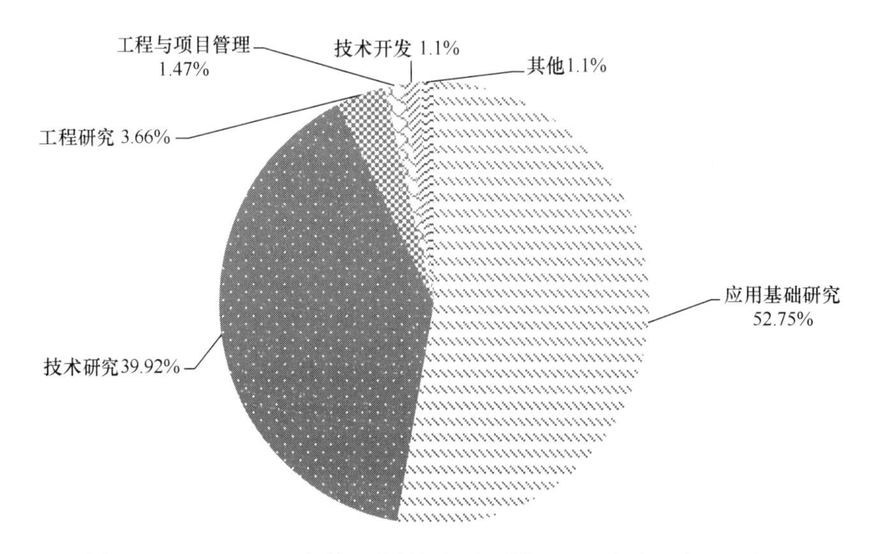

图 2-71　2018—2022 年装配式桥梁相关硕博论文研究类型占比分布图

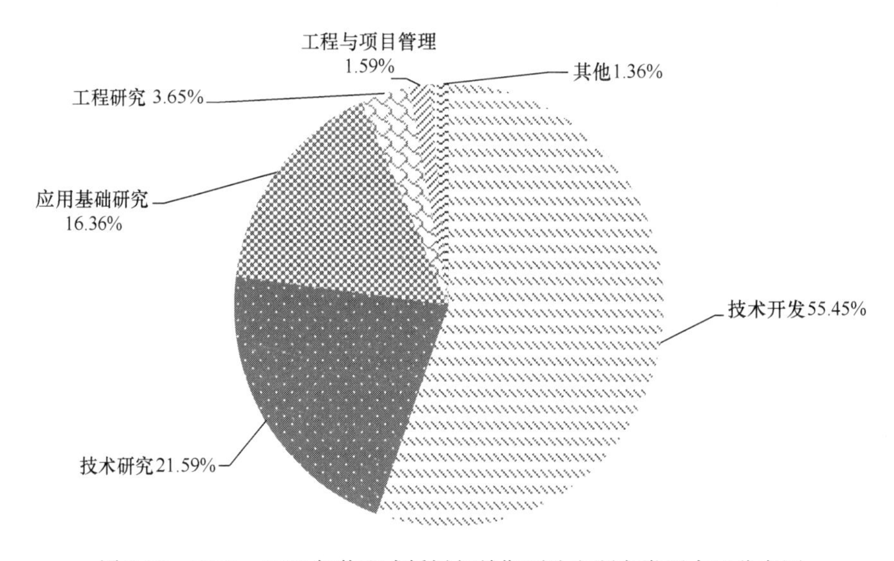

图 2-72　2018—2022 年装配式桥梁相关期刊论文研究类型占比分布图

1. 上部结构

以“装配式桥梁上部结构”为主题在相关数据库中搜查相关硕博、期刊论文等资料，得出 2018—2022 年装配式桥梁上部结构论文发表情况，如图 2-73 所示。可以发现，2018—2022 年，关于装配式桥梁上部结构的期刊论文数量始终呈上涨趋势，2020 年后增长幅度放缓，而硕博论文新发表数量在 2020 年后开始下降。因总体论文样本数量较少，以下分析均以近 5 年相关论文为样本。

近 5 年“装配式桥梁上部结构”相关的硕博论文和期刊论文发布机构数量情况统计分别见图 2-74 和图 2-75。

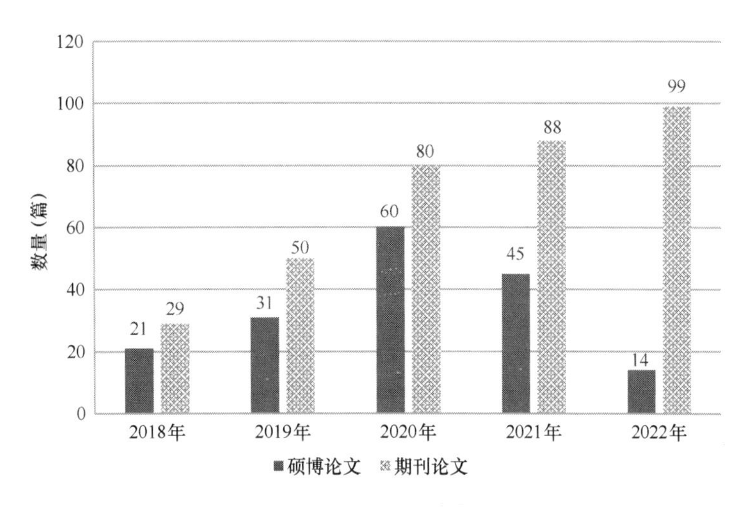

图 2-73　2018—2022 年装配式桥梁上部结构相关硕博论文和期刊论文发表情况

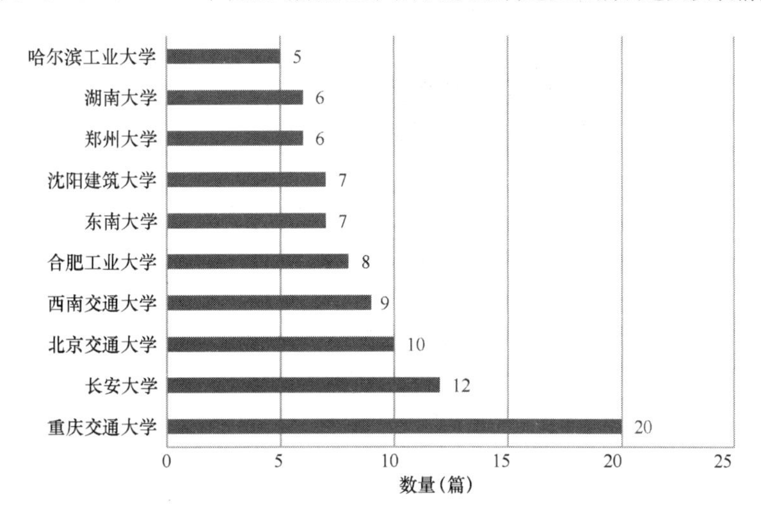

图 2-74　2018—2022 年装配式桥梁上部结构主题硕博论文发表情况

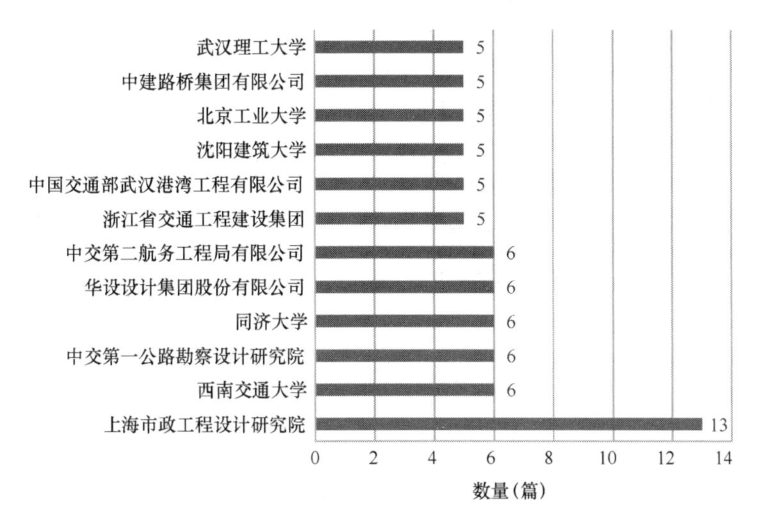

图 2-75　2018—2022 年装配式桥梁上部结构主题期刊论文发表情况

对近 5 年发表的硕博论文进行研究层次分析，发表的相关论文主要主题为“预制装配”“小箱梁”“超高性能混凝土”“数值模拟”等。对近 5 年发表的硕博论文与期刊论文研究类型进行分析，将其分为“技术开发”“技术研究”“应用基础研究”“工程研究”以及“其他”（包括“工程与项目管理”“行业技术发展与评论”“开发研究—管理研究”“应用研究—政策研究”“学科教育教学”“实用工程技术”等）多个类型进行统计，得出的占比分布情况分别如图 2-76 及图 2-77 所示。

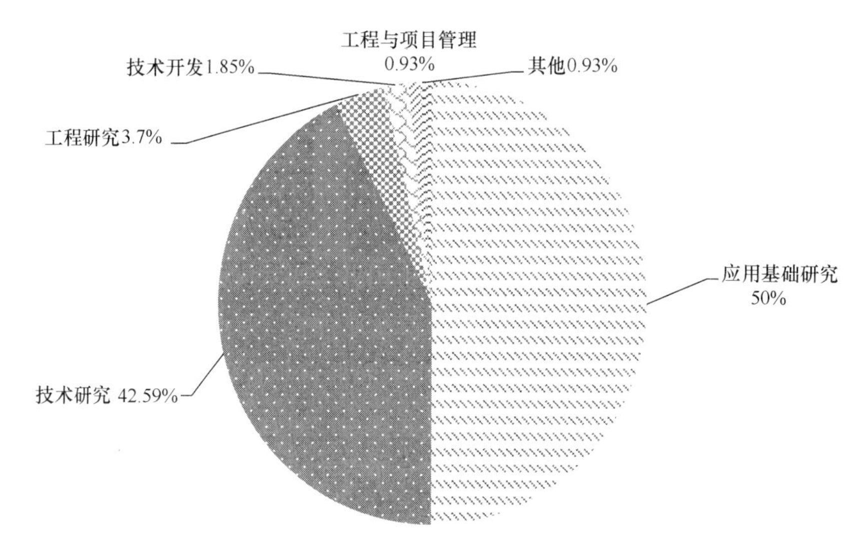

图 2-76　2018—2022 年装配式桥梁上部结构相关硕博论文研究类型占比分布图

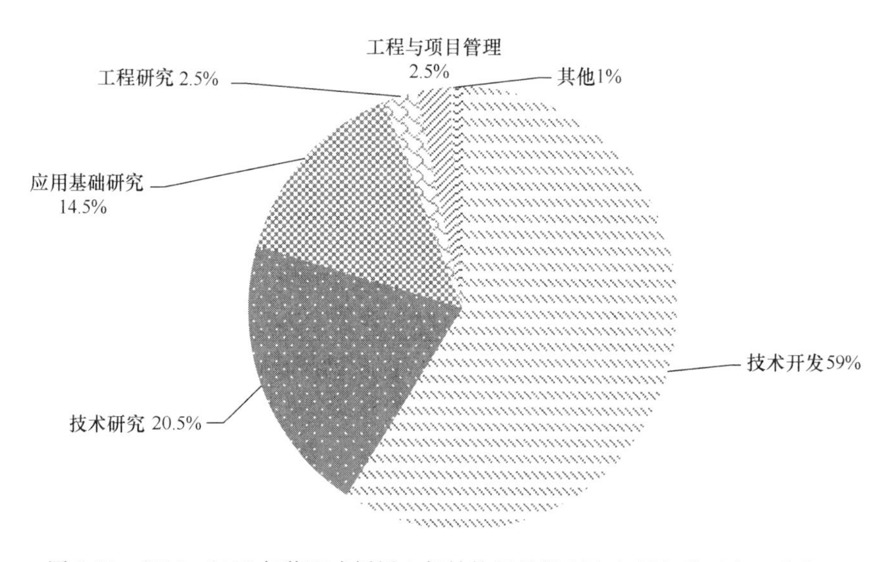

图 2-77　2018—2022 年装配式桥梁上部结构相关期刊论文研究类型占比分布图

2. 下部结构

以“装配式桥梁下部结构”为主题在相关数据库中搜查相关硕博、期刊论文等资料，得出 2018—2022 年装配式桥梁下部结构论文发表情况，如图 2-78 所示。可以发现，

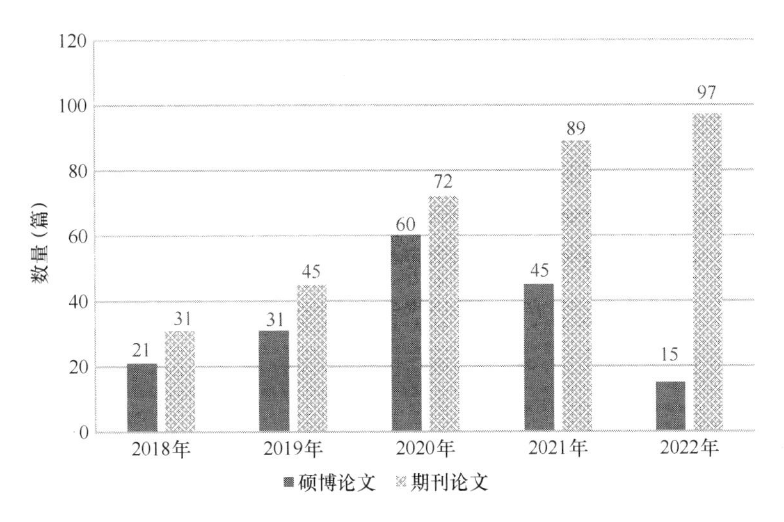

图 2-78 2018—2022 年装配式桥梁下部结构相关硕博论文和期刊论文发表情况

2018—2022 年，关于装配式桥梁下部结构的期刊论文数量始终呈上涨趋势，而硕博论文新发表数量在 2021 年和 2022 年有所下降。因总体论文样本数量较少，以下分析均以近 5 年相关论文为样本。

对论文发表机构进行统计，近 5 年装配式桥梁下部结构相关的硕博论文和期刊论文发布机构数量情况统计分别见图 2-79 和图 2-80。

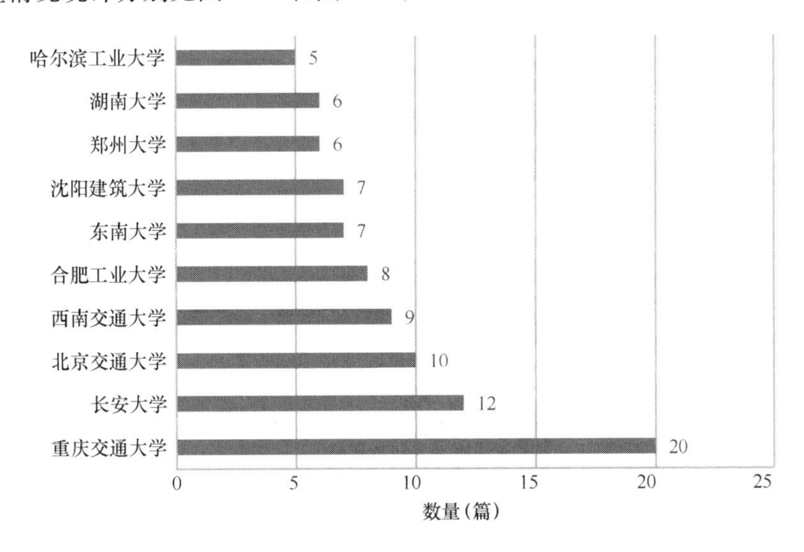

图 2-79 2018—2022 年主题中涉及装配式桥梁下部结构的各研究单位硕博论文统计

近 5 年发表的相关论文主要主题为“装配式桥墩”“灌浆套筒”“抗震性能”“数值模拟”等。对近 5 年发表的硕博论文与期刊论文研究类型进行分析，将其分为“技术开发”“技术研究”“应用基础研究”“工程研究”“工程与项目管理”以及“其他”（包括“行业技术发展与评论”“开发研究-管理研究”“应用研究-政策研究”“学科教育教学”“实用工程技术”等）多个类型进行统计，得出的数量分布情况分别如图 2-81 及图 2-82 所示。

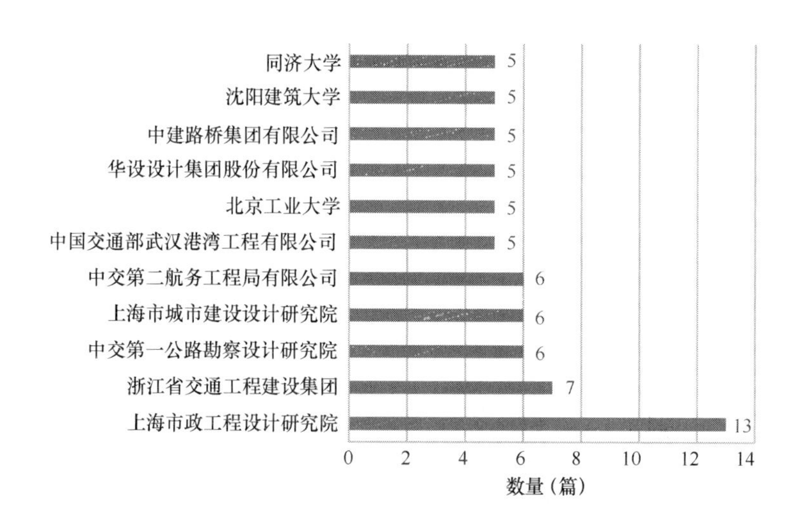

图 2-80　2018—2022 年主题中涉及装配式桥梁下部结构的各研究单位期刊论文统计

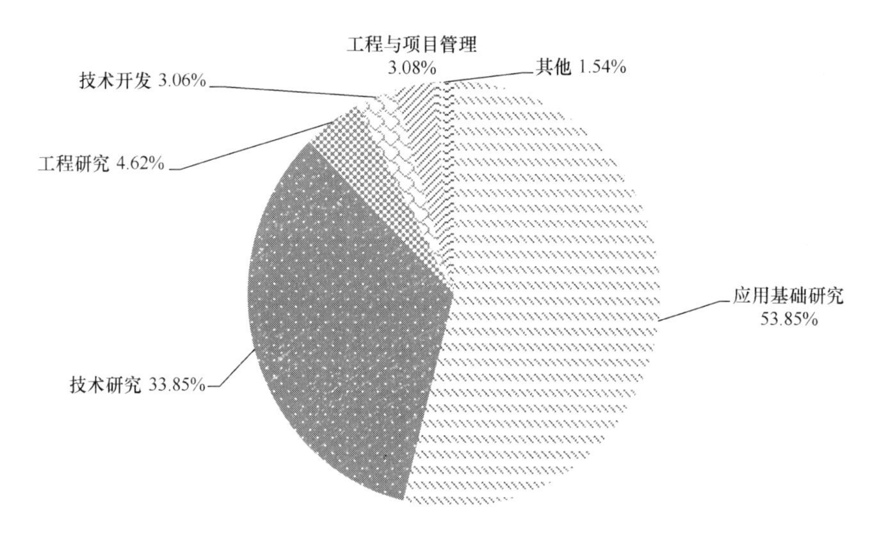

图 2-81　2018—2022 年装配式桥梁下部结构相关硕博论文研究类型占比分布图

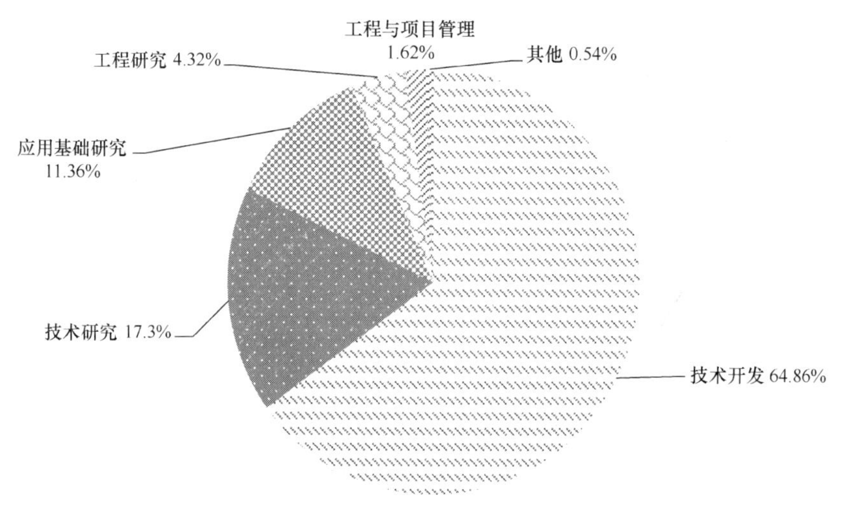

图 2-82　2018—2022 年装配式桥梁下部结构相关期刊论文研究类型占比分布图

2.2.3　地下工程

以“预制＋装配”且“地下结构＋管廊＋车站＋隧道＋地铁”为主题，在相关数据库中搜查相关硕博、期刊论文等资料，得出 2018—2022 年装配式地下工程相关论文发表情况，如图 2-83 所示。可以发现，硕博论文和期刊论文发文量在近 5 年内呈平稳波动的状态。硕博论文在 2020 年达到数量顶峰，随后逐年递减；但期刊论文在 2020 年后逐年稳步增加。

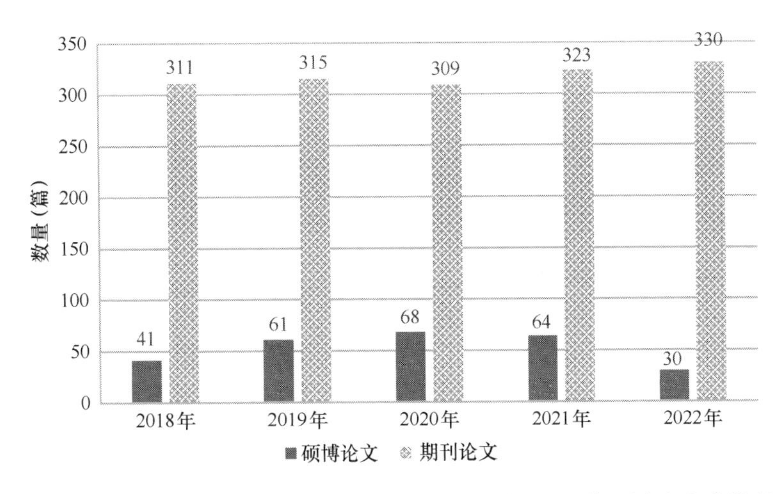

图 2-83　2018—2022 年装配式地下工程相关硕博论文和期刊论文发表情况

2022 年研究装配式地下工程的硕博论文和期刊论文发布机构数量情况统计图见图 2-84和图 2-85。可以看出，2022 年的硕博论文完成情况中，石家庄铁道大学发表最多。期刊论文中，同济大学在各大高校中发表最多，但期刊论文完成数量排名前 10 的主要集中于科研院所和企业。这表明装配式地下工程形式在近年来被快速推进，各企业在发展过程中都在进行积极的探索研究，发挥企业和研究院所的活力和风采，装配式地下工程的发展前景非常广阔。

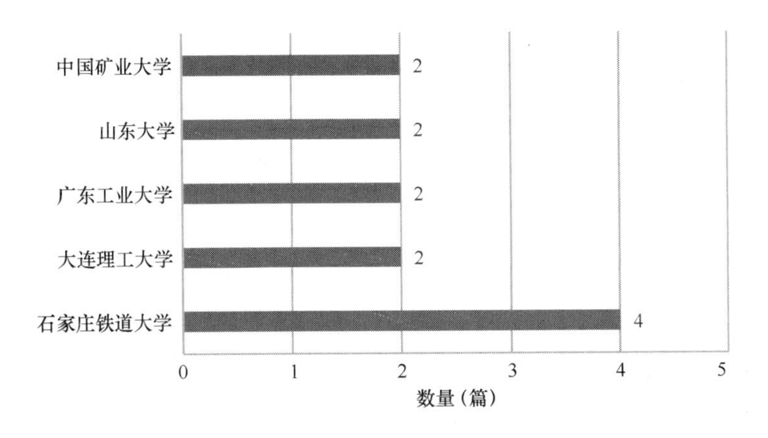

图 2-84　2022 年装配式地下工程硕博论文发布机构数量情况统计图

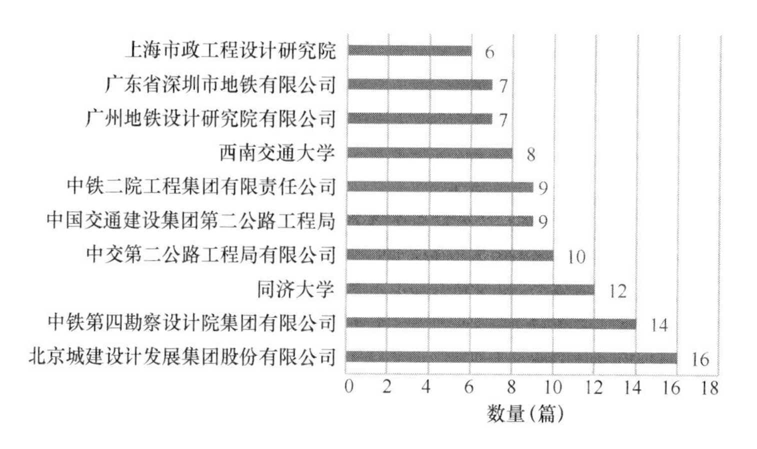

图 2-85　2022年装配式地下工程期刊论文发布机构数量情况统计图

将硕博论文和期刊论文依据研究对象分为“预制装配式结构”“盾构隧道”“地铁车站”“综合管廊”“叠合墙板”“地下车库”以及“BIM”，2022年装配式地下工程各分类方向硕博论文和期刊论文占比情况分别见图2-86和图2-87。可以看出，2022年硕博论文和期刊论文均主要集中在预制装配方向，其次分别集中在对盾构隧道和地下管廊的研究。

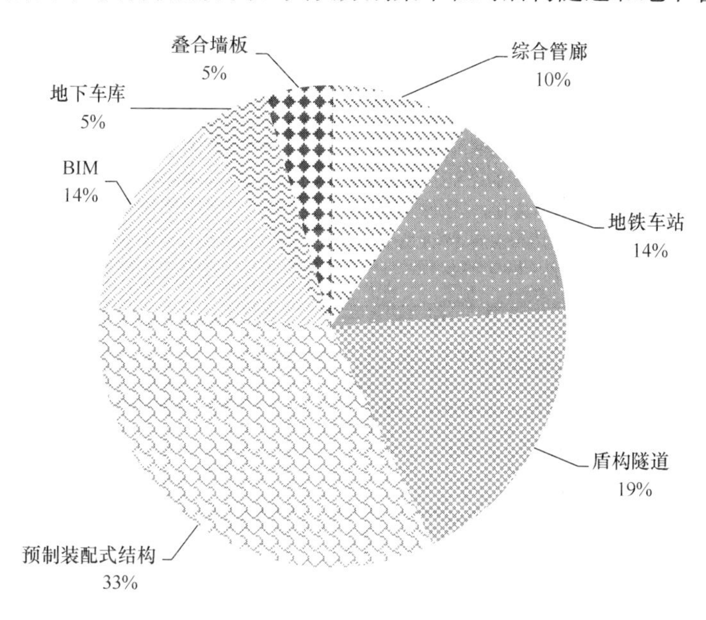

图 2-86　2022年装配式地下工程硕博论文研究层次占比分布图

2.2.4　绿色建造

以“绿色建造”为主题在相关数据库中搜查相关硕博、期刊论文等资料，得出2018—2022年绿色建造论文发表情况，如图2-88所示。可见，2022年硕博论文和期刊论文数量相较于2021年都明显增多，其中硕博论文数量是近5年最多的。虽然2021年绿色建造发文数量出现较大波动，但在社会各界对于绿色建筑的不断重视下，国内对绿色建筑技术相

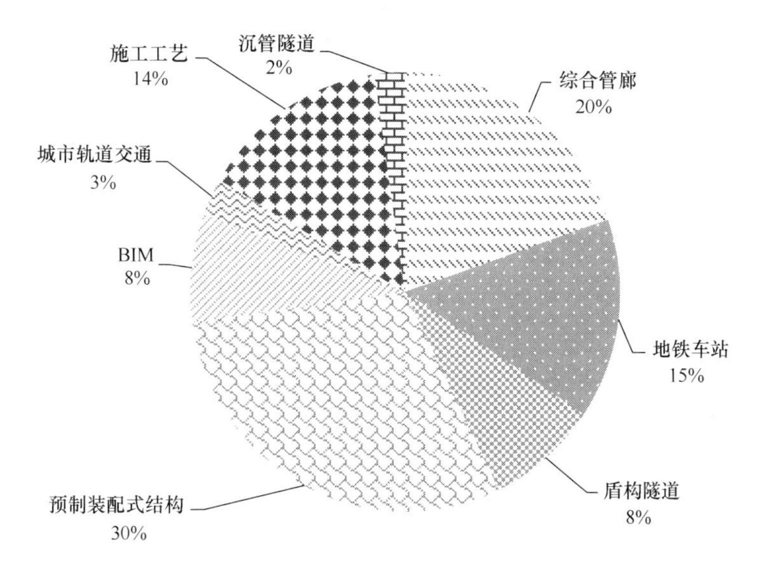

图 2-87　2022 年装配式地下工程期刊论文研究层次占比分布图

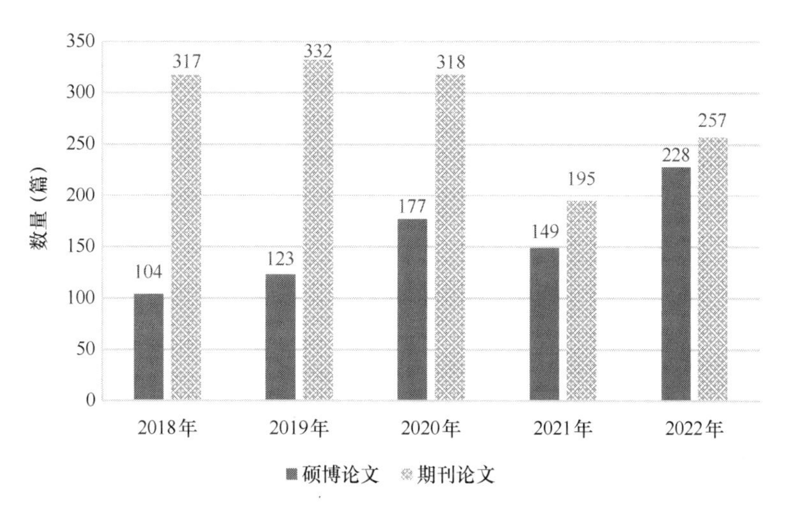

图 2-88　2018—2022 年绿色建造主题硕博及期刊论文发表情况

关内容的关注度正在逐渐回升，预计未来绿色建造研究文献的发表数量将会持续增长。

2022 年发表硕博论文数量排名前 10 的机构如图 2-89 所示，发表期刊论文数量排名前 10 的机构如图 2-90 所示，主要集中在各大高校。建筑类企业等机构在核心期刊发文数量相对较少，研究成果创新性还相对较弱。

对 2022 年发表的硕博和期刊论文进行研究层次分析，见图 2-91 和图 2-92。其中，硕博和期刊论文都主要集中在“低碳建筑”以及“绿色设计”方向，“绿色施工”方向的论文数量最少。在发展低碳建筑的过程中，如何使所建建筑符合国家绿色建筑的标准变得尤为重要，因此，“绿色设计”一词在 2022 年备受关注。

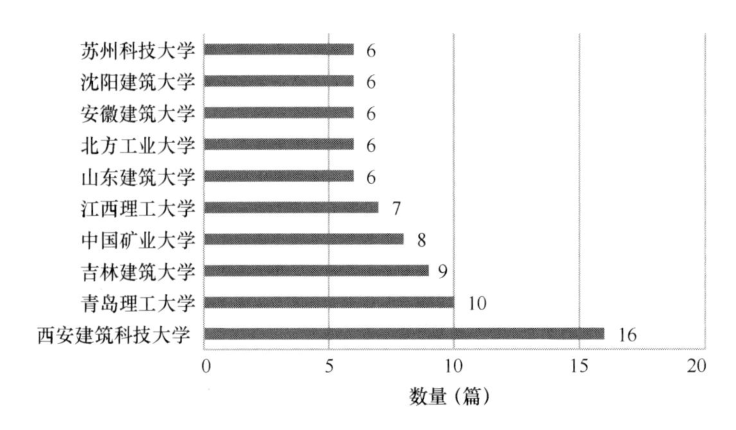

图 2-89　2022 年主题中涉及绿色建造的各研究单位硕博论文统计

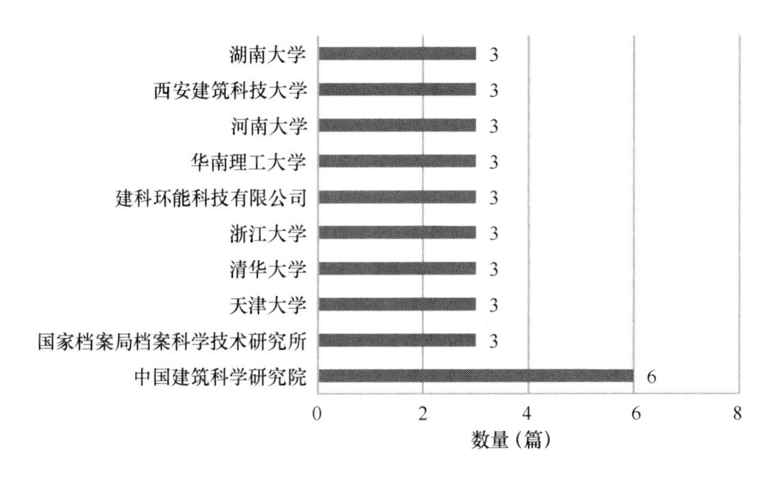

图 2-90　2022 年主题中涉及绿色建造的各研究单位期刊论文统计

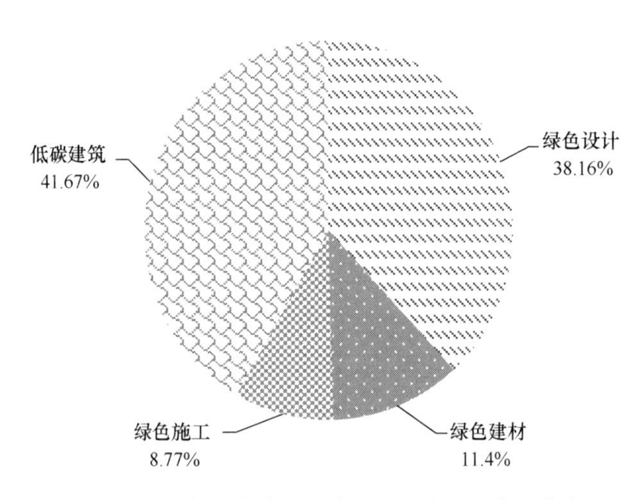

图 2-91　2022 年绿色建造硕博论文研究层次占比分布图

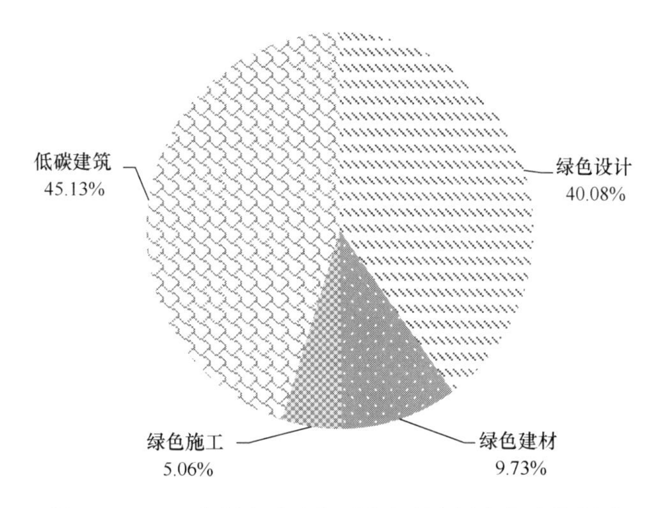

图 2-92　2022 年绿色建造期刊论文研究层次占比分布图

2.2.5　智能建造

以“智能建造”为主题在相关数据库中搜查相关硕博、期刊论文等资料，得出 2018—2022 年智能建造论文发表情况，如图 2-93 所示。2022 年，智能建造方面的硕博论文共计 50 篇，数量相较于 2021 年有所下降。但随着各校智能建造专业课程不断开展，预计未来几年硕博论文数量将会逐步增长。期刊论文近 5 年内发表数量相差不大，2019 和 2021 年成为论文期刊发表热度较高的年份，相对而言 2022 年论文数量有所下降，仅为 331 篇，预计未来，随着大量的研发实例应用到现场，期刊论文的数量会逐渐增加。

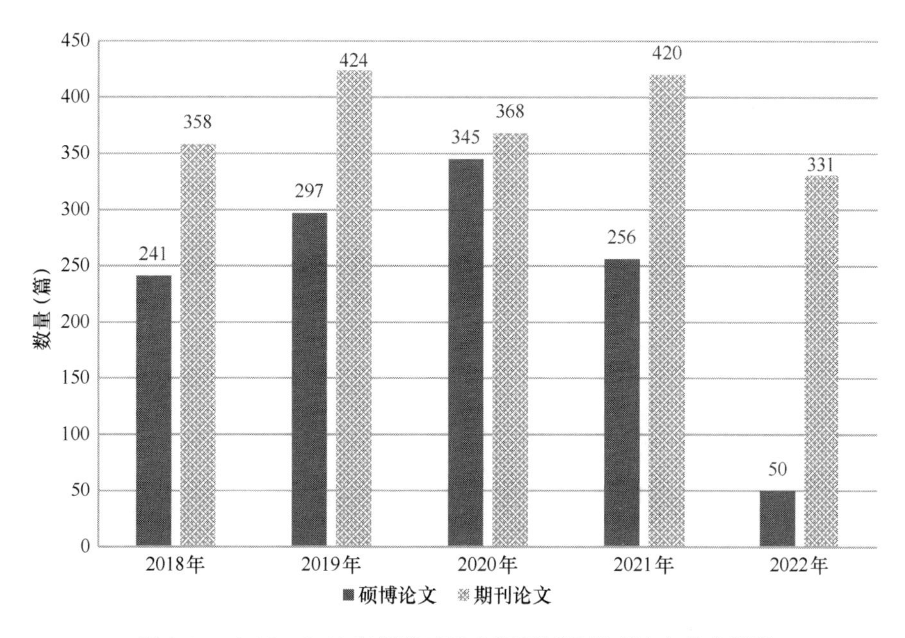

图 2-93　2018—2022 年智能建造主题硕博及期刊论文发表情况

对2022年发表的硕博论文进行研究层次分析，论文头部研究方向仍然集中在“BIM”“应用研究”和“装配式建筑”上，其中“BIM”相关主题占比高达57%，多达777篇，如图2-94所示。数据表明，智能建造市场在BIM技术和装配式建筑方面依然保持着高速发展的态势。同时，也能看出市场在“成本控制”“质量管理”等方面也越来越注重。可以预见，未来智能建造市场将继续加大对BIM技术和装配式建筑的研发和应用，同时在成本控制、质量管理等方面也会得到更多的关注和投入。

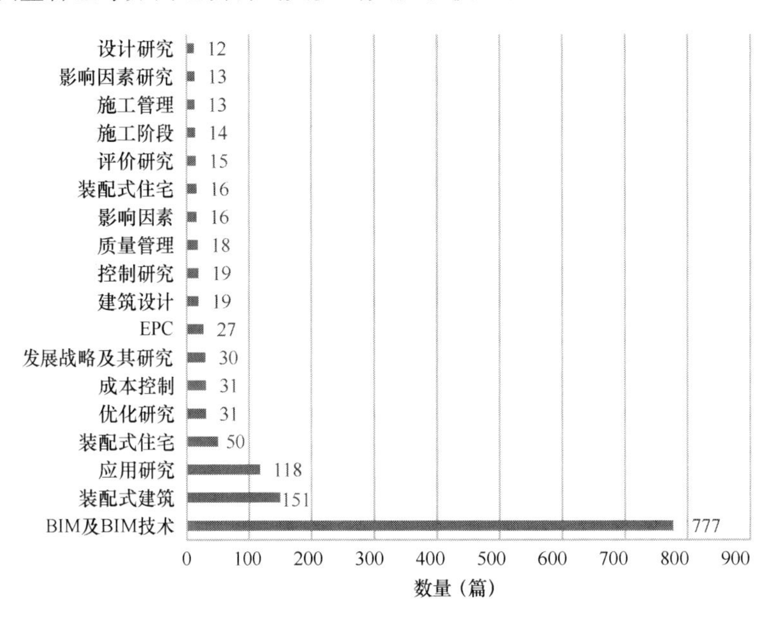

图2-94 2022年智能建造主题硕博论文研究方向情况

因BIM相关硕博论文研究较多，对相关数据库公开BIM相关的1200项研究方向进行了整理分析，如图2-95所示。可以看出智能建造领域的研究重点主要集中在技术流、管理和行业分析上。其中，技术流相关的研究数量最多，占比达到了71.1%，反映出智能建

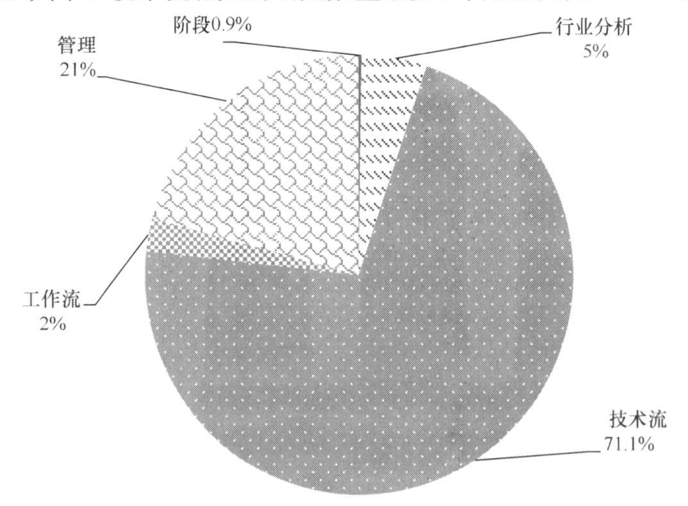

图2-95 2022年智能建造硕博论文研究层次占比分布图

造领域在技术创新和应用方面的重视。同时，管理方面也受到了越来越多的关注，研究数量达到了 250 篇，这表明智能建造领域在项目管理、成本控制等方面的需求也越来越迫切。另外，行业分析方面也有 59 篇相关研究，反映出市场对于智能建造行业未来发展趋势的关注。

智能建造领域在技术创新和应用方面仍然保持着高速发展的态势，在政策推动下未来将继续投入更多的研究和应用资源，可以预见，智能建造领域的前景依然十分广阔，具有很高的发展潜力和市场空间。

从相关数据库中 2022 年学校发表的 543 篇公开硕博论文情况来看（图 2-96），东南大学在智能建造领域硕博论文完成数量较多，共有 46 篇。可以看出，部分高校在智能建造领域发表的硕博论文数量较多，这表明了这些高校在智能建造领域的教学与研究上已经取得了一定的成果，对于智能建造技术的进步和推动具有积极的意义，为行业的发展提供了强有力的支持。同时也预示着，未来这些高校将成为中国智能建造领域的重要人才培养和技术研究基地。

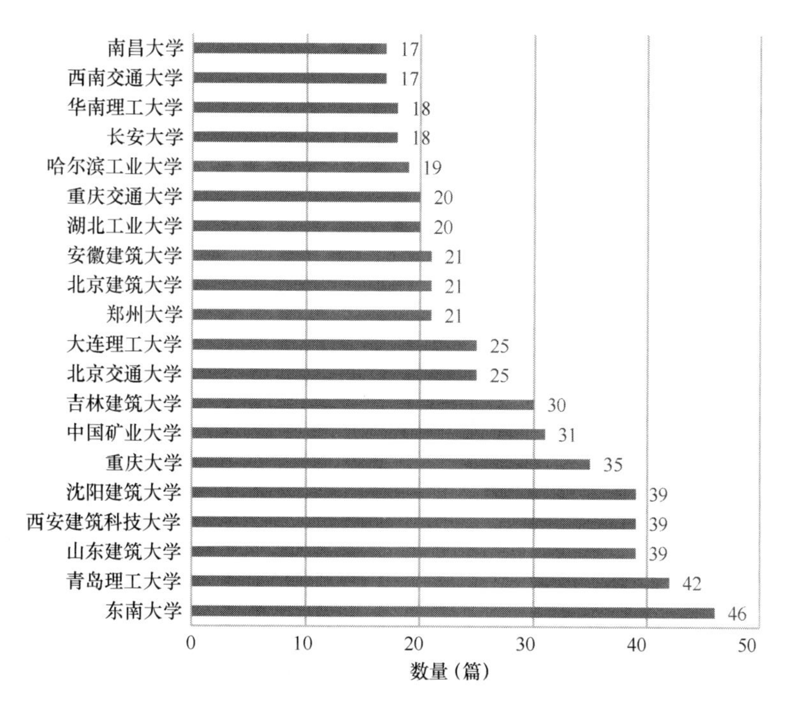

图 2-96　2022 年主题中涉及智能建造的各研究单位硕博论文统计

对 2022 年发表的期刊论文进行研究层次分析，如图 2-97 所示，为 2018—2022 年智能建造相关期刊论文研究主题数量表，可以看出“BIM”和“装配式建筑”仍然是智能建造领域的主要研究方向，这表明在智能建造领域，BIM 技术和装配式建筑技术仍然具有非常广阔的应用前景。另外，“预制装配式建筑”“施工管理”“建筑质量管理”等方向也得到了一定的关注，这些领域的研究有望为智能建造的发展提供更加完善的支持。总体来说，随着智能建造技术的不断发展，未来仍然会涌现出更多新的研究方向和应用场景，整个智

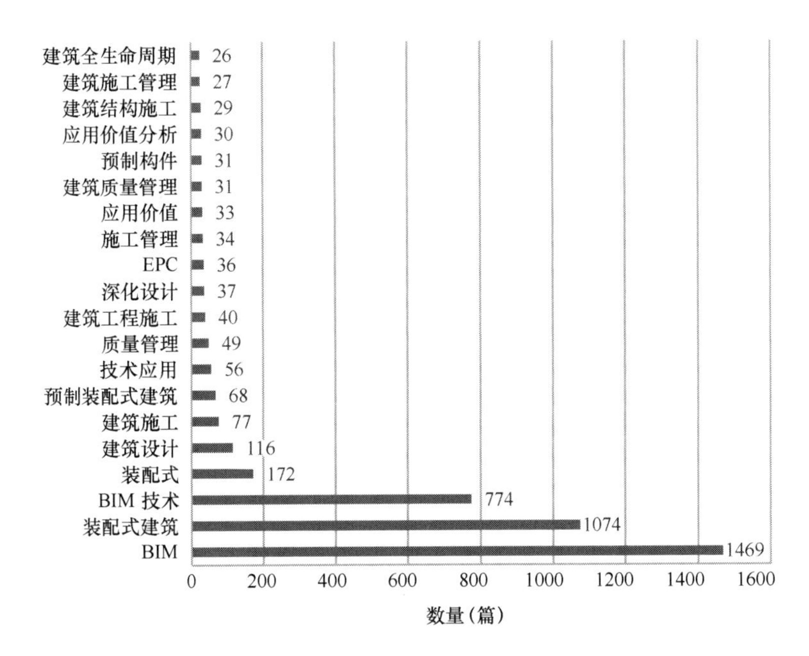

图 2-97　2022 年智能建造相关期刊论文研究主题

能建造市场的前景非常广阔。

如图 2-98 所示，在智能建造领域的期刊论文中，“技术流”方向的研究数量最多，表明技术的发展是智能建造的重要推动力。其次是“工程研究”方向，占比 22%，说明工程实践在智能建造中具有重要的作用。“行业分析”和“阶段”方向的研究数量较少，需要进一步加强探索和研究。值得注意的是，在所有研究方向中，管理方向的研究数量最少，这可能意味着在智能建造领域，管理方向的研究仍待深入开展和加强。

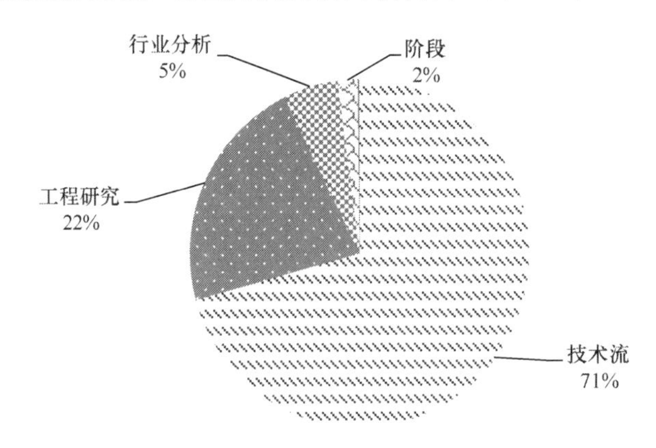

图 2-98　2022 年智能建造期刊论文研究层次占比分布图

从 2022 年期刊论文主要完成机构来看（见图 2-99，其中包括建筑施工单位、高校、职业技术学院等），中国建筑工程第二工程局有限公司拥有较多的论文完成数量，位居第一。各高校完成的论文数量紧随其后，高校在智能建造领域的研究方面非常积极。

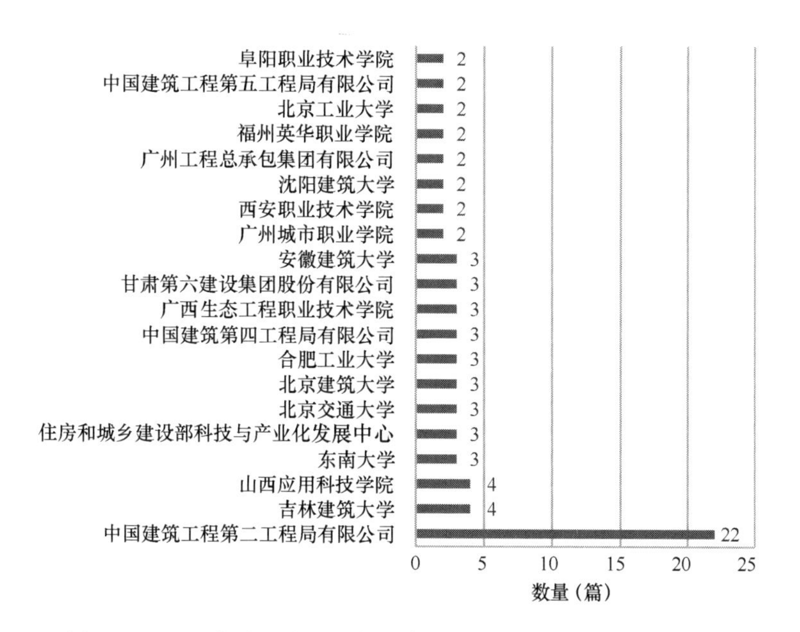

图 2-99　2022 年主题中涉及智能建造的各研究单位期刊论文统计

2.3　新技术标准

2.3.1　建筑工程

1. 钢结构建筑新技术标准

在市场主导、政府推动的基本原则下，各地积极制定政策措施，逐步健全技术标准体系，有效推动了装配式建筑快速发展。截至 2022 年年底，涉及钢结构建筑共有标准 337 部，现行 261 部，作废 54 部，废除 17 部，未实施 5 部。2022 年我国共公布钢结构相关标准共计 12 部，如表 2-1 所示。我国正在逐步建立起科学完善的钢结构建筑标准体系。

2022 年颁布的钢结构建筑相关技术标准　　　**表 2-1**

序号	标准编号	标准名称	标准类型
1	GB/T 32120—2022	钢结构氧化聚合型包覆腐蚀控制技术	国家标准
2	JTG/T 3651—2022	公路钢结构桥梁制造和安装施工规范	行业标准
3	JTG/T 3832-01—2022	公路桥梁钢结构工程预算定额	行业标准
4	YB/T 4972—2022	锅炉钢结构用热轧 H 型钢	行业标准
5	YB/T 6054—2022	钢结构滑移施工技术规程	行业标准
6	DB37/T 5215—2022	装配式钢结构住宅现场检测技术标准	地方标准
7	T/CECS 1134—2022	钢结构防火涂层鉴定与维护标准	协会标准
8	T/CECS G：F57—01—2022	波纹钢结构涵洞工程质量检验评定标准	协会标准
9	T/CECS 1009—2022	钢结构现场检测技术标准	协会标准

续表

序号	标准编号	标准名称	标准类型
10	T/CECS 1057—2022	活性粉末混凝土加固钢结构技术规程	协会标准
11	T/CECS 1105—2022	既有钢结构改建与拆除技术规程	协会标准
12	T/CECS G：D60—32—2022	波纹钢结构桥梁设计与施工技术规程	协会标准

2. 装配式混凝土建筑

2022年颁布的装配式混凝土建筑相关标准有16部，如表2-2所示。其中，地方标准6部，协会标准10部。从颁布的标准名称来看，涉及装配式混凝土建筑的节点标准、技术以及相关评价标准。新颁布的规范完善了装配式混凝土建筑细节标准，健全了评价体系，进一步规范了装配式混凝土建筑的结构，使装配式混凝土建筑发展更加全面化、细节化。

2022年颁布的装配式混凝土建筑相关技术标准 **表2-2**

序号	标准编号	标准名称	标准类型
1	DB11/T 1959—2022	装配式建筑预制混凝土构件能源消耗限额	地方标准
2	DB2101/T 0051—2022	装配式混凝土结构临时支撑系统应用技术规程	地方标准
3	DB54/T 0269—2022	装配式排钢管混凝土结构技术规程	地方标准
4	DB42/T 1863—2022	装配式混凝土建筑设计深度技术规程	地方标准
5	DB4401/T 151—2022	装配式建筑评价标准	地方标准
6	DB11/T 2004—2022	装配式建筑施工安全技术规范	地方标准
7	T/CECS 1017—2022	装配式建筑企业质量管理标准	协会标准
8	T/CECS 1052—2022	装配式建筑工程总承包管理标准	协会标准
9	T/CECS 1075—2022	装配式建筑绿色建造评价标准	协会标准
10	T/CECS 1091—2022	装配式建筑给水排水管道工程技术规程	协会标准
11	T/CECS 1139—2022	装配式建筑预制混凝土构件产品信息模型数据标准	协会标准
12	T/CECS 1133—2022	装配式组合连接混凝土剪力墙结构技术规程	协会标准
13	T/CECS 1018—2022	装配式室内墙面系统应用技术规程	协会标准
14	T/CECS 1023—2022	烧结淤泥多孔砖预制装配式自保温墙体技术规程	协会标准
15	T/CECS 1170—2022	装配式轻质混凝土围护墙板应用技术规程	协会标准
16	T/CECS 1177—2022	装配式钢丝网片增强轻质隔墙系统技术规程	协会标准

3. 木结构装配式建筑

2022年颁布的木结构建筑相关标准共计1部，如表2-3所示。根据我国目前的形势开展木结构防火方面的研究，以及对相关标准进行进一步的规范，制定适合我国的多层木结构建筑特点的消防设施配置、层数等内容，将对未来我国木结构建筑的健康发展，特别是在安全使用方面产生深远影响。

2022年颁布的木结构建筑相关技术标准 **表2-3**

标准编号	标准名称	标准类型
T/CECS 1104—2022	木结构防火设计标准	协会标准

4. 装配式围护

2022年，颁布装配式围护方面的标准共计17部。其中行业标准2部，地方标准3部，协会标准12部。如表2-4所示。2022年围护方面的标准主要集中在：“墙板保温系统”“新型材料应用”方面，预示着行业也将朝着新材料、高性能方向发展。

2022年颁布的装配式围护相关技术标准 **表2-4**

序号	标准编号	标准名称	标准类型
1	JC/T 2726—2022	玻璃纤维增强水泥（GRC）复合外墙板	行业标准
2	JC/T 2672—2022	建筑用植物纤维水泥墙板	行业标准
3	DB4401/T 152—2022	既有建筑幕墙安全检查技术规程	地方标准
4	DB11/T 2003—2022	蒸压加气混凝土墙板系统应用技术规程	地方标准
5	DB37/T 5217—2022	预制混凝土夹心保温外挂墙板应用技术规程	地方标准
6	T/CECS 809—2022	螺栓连接多层全装配式混凝土墙板结构技术规程	协会标准
7	T/ZS 0367—2022	装配式玻纤增强无机材料复合保温墙板应用技术规程	协会标准
8	T/CECS 1170—2022	装配式轻质混凝土围护墙板应用技术规程	协会标准
9	T/JXBMIF 002—2022	YYSP发泡陶瓷复合墙板建筑构造	协会标准
10	T/CECS 10199—2022	装饰保温与结构一体化微孔混凝土复合外墙板	协会标准
11	T/SDAS 365—2022	HSA装配式蒸压加气混凝土夹芯无机保温外墙板系统构造	协会标准
12	T/SDAS 364—2022	HSA装配式蒸压加气混凝土夹芯无机保温外墙板应用技术规程	协会标准
13	T/SDAS 354—2022	HS装配式加气混凝土复合保温外墙板系统构造	协会标准
14	T/SDAS 353—2022	HS装配式加气混凝土复合保温外墙板应用技术规程	协会标准
15	T/CCPA 30—2022	超高性能混凝土（UHPC）外墙板	协会标准
16	T/CECS 1051—2022	蒸压轻质混凝土墙板应用技术规程	协会标准
17	T/CECS 1053—2022	预制混凝土夹心保温墙板用金属玻璃纤维塑料复合连接器应用技术规程	协会标准

5. 装配式装修

随着近几年来对于装配式装修的日益重视，关于装配式装修方面的相关标准也越来越完善。2022年颁布的装配式装修相关标准共计30部，如表2-5所示。今年，装配式装修技术标准在“工艺设计”“节能环保”“产品质量与安全”等方面为行业规范化、统一化和可持续发展提供了相关评价标准。标准顺应了新型建筑工业化发展对装配式装修行业提出的新需求，推动行业发展。

2022年颁布的装配式装修相关技术标准 **表2-5**

序号	标准编号	标准名称	标准类型
1	JGJ/T494—2022	装配式住宅设计选型标准	行业标准
2	JG/T 579—2021	建筑装配式集成墙面	行业标准

续表

序号	标准编号	标准名称	标准类型
3	JB/T 13997—2022	室内窗帘控制系统技术规范	行业标准
4	JB/T 14030—2022	家用和类似用途室内控制器	行业标准
5	JB/T 13995—2022	家用和类似用途带 LED 指示灯开关	行业标准
6	JB/T 13996—2022	家用和类似用途模数化插座	行业标准
7	JC/T 2040—2022	负离子功能建筑室内装饰材料	行业标准
8	JC/T 2662—2022	室内装饰材料自然环境暴露试验方法	行业标准
9	JC/T 2671—2022	室内装饰用木质护墙板	行业标准
10	JC/T 2705—2022	建筑室内外用遮阳天篷帘	行业标准
11	JC/T 60007—2022	室内装饰装修易散发甲醛材料使用要求	行业标准
12	LY/T 2057—2022	室内装修用木方	行业标准
13	T/CECS 1018—2022	装配式室内墙面系统应用技术规程	协会标准
14	T/CECS 1077—2022	办公建筑室内环境技术规程	协会标准
15	T/CECS 1079—2022	民用建筑热环境设计室内外计算参数标准	协会标准
16	T/CECS 1122—2022	LED 室内照明建筑一体化技术规程	协会标准
17	T/CECS 1159—2022	住宅室内装饰装修服务标准	协会标准
18	T/CECS 1173—2022	中小学建筑室内环境评价标准	协会标准
19	T/CECS 56—2022	室内灯具光分布分类和照明设计参数标准	协会标准
20	T/CECS 989—2022	建筑室内渗漏修缮技术规程	协会标准
21	DB11/T 1832.10—2022	建筑工程施工工艺规程 第10部分：装饰装修工程	地方标准
22	DB37/T 5219—2022	住宅建筑装修工程质量验收标准	地方标准
23	DB11/T 1979—2022	住宅厨卫排气道系统应用技术标准	地方标准
24	DB11/T 2002—2022	农村住宅清洁供暖技术规程	地方标准
25	DB37/T 5236—2022	既有住宅适老化改造技术标准	地方标准

2.3.2 桥梁工程

1. 装配式桥梁相关标准发展现状

针对装配式桥梁的发展需求，国家、行业、地方政府和协会正在积极组织编写相关标准，部分标准已正式实施，标准体系日益完善。但相对于当前桥梁工业化的快速发展需求，仍需加快高层次标准的编写和颁布速度，并系统梳理既有预制装配式桥梁相关标准间的差异，为规范行业发展提供良好的指导作用。

编者检索整理了2022年与装配式桥梁相关的标准，统计得到2022年新修订、新发布的标准共有28部，其中行业标准6部，协会标准4部，地方标准18部。这些标准的相继出台，极大地推动了装配式桥梁的发展，使得装配式桥梁的设计与施工更加规范。尤其是新颁布的《公路装配式混凝土桥梁设计规范》JTG/T 3365—05—2022、《公路装配式混凝土桥梁施工技术规范》JTG/T 3654—2022和《公路钢结构桥梁制造和安装施工规范》JTG/T 3651—2022对装配式公路桥梁的设计、制造和安装施工全过程系统性地给出了规范，促进了公路预制装配式桥梁的设计、施工标准化，推动了装配式桥梁的广泛应用。

2. 设计与施工相关标准

2022年颁布的装配式桥梁设计与施工相关标准共22部，其中行业标准6部，协会标准3部，地方标准13部，如表2-6所示。这些规范对装配式桥梁的设计与施工各个阶段提出了细致的要求，保证了设计的合理性，保障了施工的规范性，同时还对施工过程的信息化管理作出了相关规定。

2022年颁布的装配式桥梁设计与施工相关标准 **表2-6**

序号	标准编号	标准名称	标准类型
1	JTG/T 3365—05—2022	公路装配式混凝土桥梁设计规范	行业标准
2	JTG/T 3654—2022	公路装配式混凝土桥梁施工技术规范	行业标准
3	JTG/T 3651—2022	公路钢结构桥梁制造和安装施工规范	行业标准
4	JTG/T 3832—01—2022	公路桥梁钢结构工程预算定额	行业标准
5	JT/T 1450—2022	桥梁用预应力碳纤维板（筋）体外束	行业标准
6	JT/T 784—2022	组合结构桥梁用波形钢腹板	行业标准
7	T/CHTS 10062—2022	公路装配式混凝土桥梁技术指南	协会标准
8	T/CCES 31—2022	预制拼装混凝土桥墩技术规程	协会标准
9	T/CHTS 10048—2022	公路桥梁缓粘结预应力混凝土结构技术指南	协会标准
10	DB43/T 757—2022	预制装配式钢筋混凝土涵洞	地方标准
11	DB34/T 4168—2022	装配式混凝土T梁工业化建造技术规程	地方标准
12	DB13/T 5578—2022	公路全预制装配式双T梁桥技术规范	地方标准
13	DB41/T 2279—2022	公路全断面装配式钢筋混凝土箱涵设计与施工技术规程	地方标准
14	DB44/T 2408—2022	水下埋置式预制墩台技术规程	地方标准
15	DB45/T 2562—2022	公路预应力混凝土梁预制技术规范	地方标准
16	DB41/T 2314—2022	公路桥梁预应力混凝土管桩基础技术规程	地方标准
17	DB42/T 1890—2022	预制混凝土衬砌管片生产工艺技术规程	地方标准
18	DB21/T 3616—2022	公路桥梁耐候钢焊接技术规程	地方标准
19	DB53/T 1113—2022	预应力混凝土连续刚构桥梁施工监控技术规程	地方标准
20	DB13/T 5576—2022	公路上跨铁路桥梁水平转体施工技术规程	地方标准
21	DB41/T 2310—2022	桥梁伸缩缝玄武岩纤维水泥混凝土施工技术规范	地方标准
22	DB45/T 2522—2022	桥梁缆索吊装系统技术规程	地方标准

3. 质量控制与评价相关标准

2022年颁布的装配式桥梁质量控制与评价方法相关标准共6部，其中协会标准1部，地方标准5部，如表2-7所示。这些技术规程提出了装配式桥梁评价方法，给出了装配式桥梁质量检测、控制方法的规范性要求，也确定了施工安全管理、信息化管理的标准化流程，同时各地方标准与当地实际情况结合，保证了装配式桥梁工程的高品质。

2022年颁布的装配式桥梁质量控制与评价方法相关标准　　表2-7

序号	标准编号	标准名称	标准类型
1	T/CSUS 43—2022	装配式桥梁评价标准	协会标准
2	DB41/T 2311—2022	公路桥梁预应力孔道灌浆密实质量检测技术规程	地方标准
3	DB15/T 2619—2022	公路桥梁施工期有效预应力检测技术规程	地方标准
4	DB63/T 2054—2022	高寒地区预应力混凝土桥梁孔道压浆和锚下预应力检测技术规程	地方标准
5	DB11/T 2004—2022	装配式建筑施工安全技术规范	地方标准
6	DB36/T 1615—2022	桥梁工程信息模型交付技术规范	地方标准

2.3.3 地下工程

随着我国地下工程的大力发展，我国正在努力完善地下工程建设及运营相关规范，涉及公路隧道、铁路隧道、地铁、综合管廊等方面。2022年新颁发的地下工程相关技术标准共15部，其中国家标准2部，行业标准13部，如表2-8所示。这些标准主要涉及隧道与综合管廊，提出了地下管道管理、检测等要求，对隧道的设计与配套设备提出了细致的要求，相关标准与要求逐渐向地下工程细分领域推进。

2022年颁布的地下工程相关技术标准　　表2-8

序号	标准编号	标准名称	标准类型
1	GB/T 41666.3—2022	地下无压排水管网非开挖修复用塑料管道系统 第3部分：紧密贴合内衬法	国家标准
2	GB/T 42033—2022	油气管道完整性评价技术规范	国家标准
3	JT/T 1431.2—2022	公路机电设施用电设备能效等级及评定方法 第2部分：公路隧道通风机	行业标准
4	JT/T 1431.3—2022	公路机电设施用电设备能效等级及评定方法 第3部分：公路隧道照明系统	行业标准
5	JT/T 609—2022	公路隧道照明灯具	行业标准
6	JT/T 1448—2022	公路隧道用射流风机	行业标准
7	JB/T 14153—2022	隧道轴流通风机	行业标准
8	SY/T 7664—2022	油气管道站场完整性管理体系要求	行业标准
9	SY/T 6826—2022	输油管道泄漏监测系统技术规范	行业标准
10	SY/T 6151—2022	钢质管道金属损失缺陷评价方法	行业标准
11	SY/T 7042—2022	基于应变设计地区油气管道用直缝埋弧焊钢管	行业标准
12	SY/T 7666—2022	油气管道缺陷修复用B型套筒	行业标准
13	YD/T 4085—2022	地下通信管道用预成型复合材料人（手）孔	行业标准
14	JTG/T 3371—2022	公路水下隧道设计规范	行业标准
15	JTG/T 3371—01—2022	公路沉管隧道设计规范	行业标准

2.3.4 绿色建造

2022年颁布绿色建造相关的标准共8部，其中行业标准4部，协会标准3部，地方标准1部，如表2-9所示。其中，4部为绿色建筑建材标准，3部为绿色建筑设计或评价技术标准，1部为管理技术标准。目前绿色建造相关标准已覆盖主要工程阶段和主要建筑类型，基本建成了适合我国国情的独特的绿色建筑标准体系。

2022年颁布的绿色建造相关技术标准 **表2-9**

序号	标准编号	标准名称	标准类型
1	JC/T 2691—2022	绿色设计产品评价技术规范 道路用建筑制品	行业标准
2	JC/T 2692—2022	绿色设计产品评价技术规范 屋面瓦	行业标准
3	JC/T 2693—2022	绿色设计产品评价技术规范 预拌砂浆	行业标准
4	JC/T 2737—2022	绿色设计产品评价技术规范 预制混凝土桩	行业标准
5	T/CECS 1149—2022	国际多边绿色建筑评价标准	协会标准
6	T/CECS 1184—2022	绿色建筑数字化运维管理技术规程	协会标准
7	T/CECS 1075—2022	装配式建筑绿色建造评价标准	协会标准
8	DB 11/938—2022	绿色建筑设计标准	地方标准

2.3.5 智能建造

2022年统计到的颁布的智能建造相关标准共3部，其中国家标准2部，地方标准1部，如表2-10所示。不同于以往的以BIM标准制定为主，2022年是智能建造关键技术沉淀的一年。未来在与智能建造交叉行业技术没有大突破之前，新制定的标准可能不会出现爆发状态，但会逐渐向细分领域有所拓展。

2022年颁布的智能建造相关技术标准 **表2-10**

序号	标准编号	标准名称	标准类型
1	GB/T 41401—2022	智能井盖	国家标准
2	GB 55024—2022	建筑电气与智能化通用规范	国家标准
3	DB 63/T 2032—2022	青海省民用建筑信息模型（BIM）应用标准	地方标准

第3章　建筑工业化产业发展情况

针对2022年建筑工业化企业行业发展情况，本章进行相关数据收集、调研、分析及总结。内容呈现有“建筑工程”“桥梁工程”“地下工程”“绿色建筑”“智能建筑”五个专业领域的企业行业发展情况，为读者了解市场发展趋势提供数据及分析参考。

3.1　行业相关企业统计

3.1.1　钢结构企业

截至2022年年底，全国累计注册资本1000万以上的中大型钢结构设计、生产相关企业共有3908家，如图3-1所示。从成立时间上，2018—2019年新增企业数量呈上升趋势，2019—2022年新增数量出现了下降。一方面由于疫情影响，新建企业风险加大；另一方面我国钢结构产能日益提升，已达到较高水平，市场逐渐饱和。

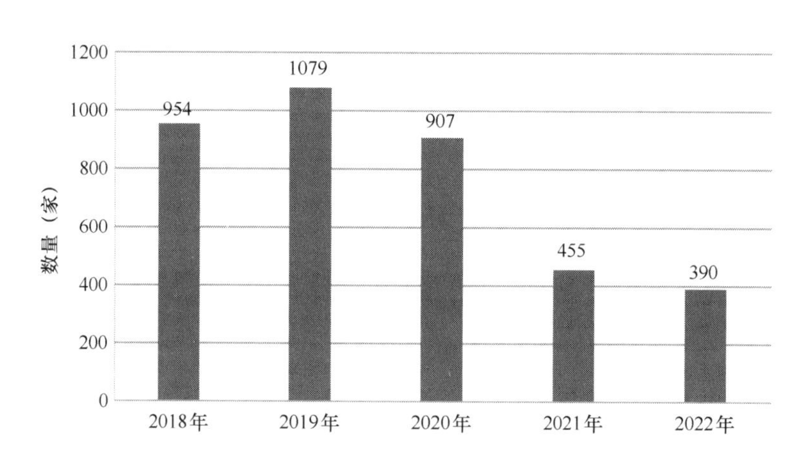

图3-1　2018—2022年每年全国新成立钢结构企业数量

从区域分布上看，2022年新成立的大中型钢结构企业地域分布如图3-2所示。

截至2022年，各省、自治区、直辖市仍然存续的大中型钢结构企业数量分布如图3-3所示，前三名是江苏、河北、山东三省。

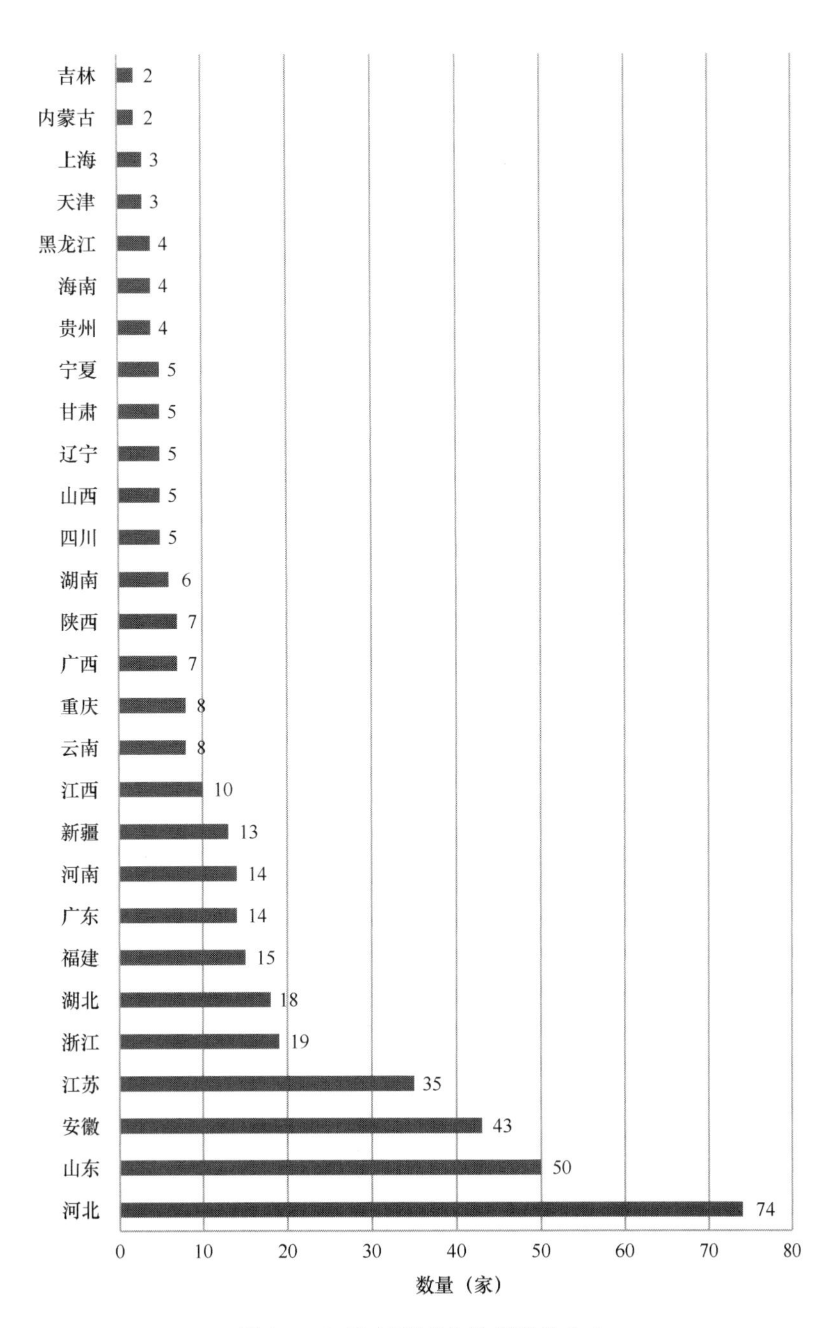

图 3-2　2022 年新成立的钢结构企业

对比上述两幅图发现，虽然江苏省现存钢结构企业数量最多，但新增企业数量并未进入前三名，说明江苏省在保持现有钢结构产能的基础上，在积极寻求产业转型升级。河北省不仅现存企业数量排名第二，新增企业数量也一枝独秀，河北省仍然延续了此前的发展模式。

从地理区域分布角度分析，截至 2022 年仍然存续的钢结构企业数量及占比分布如图 3-4 所示。华东区域钢结构企业数量大大超出其他区域，是第二名华北区域的两倍以上。

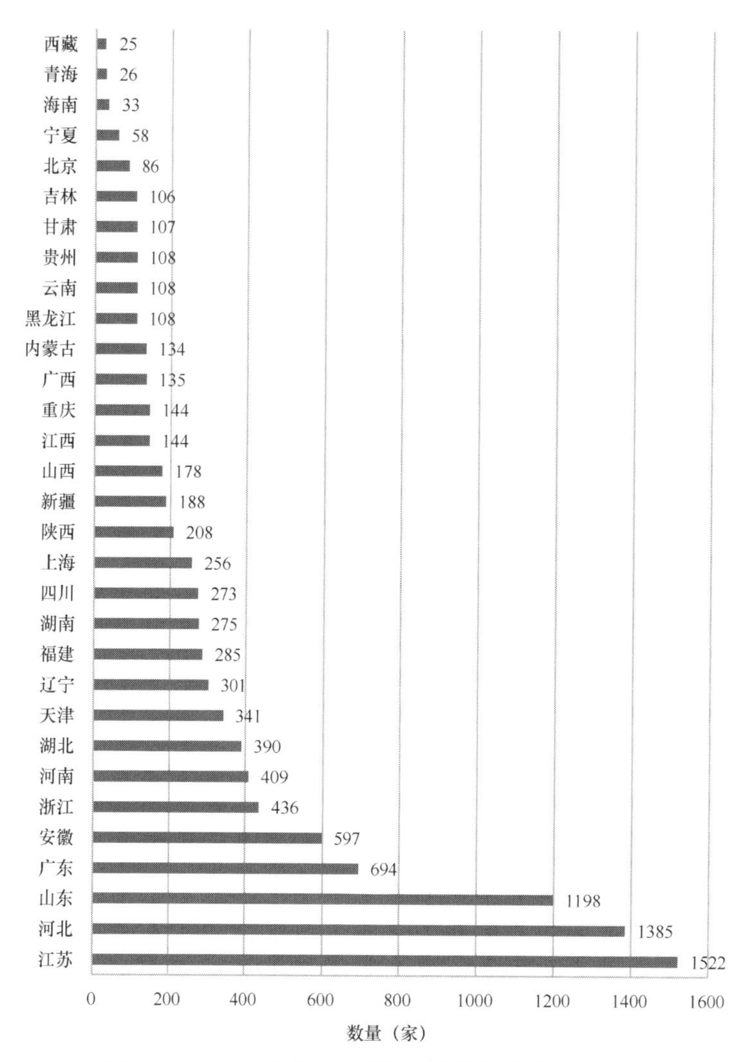

图3-3 截至2022年年底累计存续的钢结构企业数量

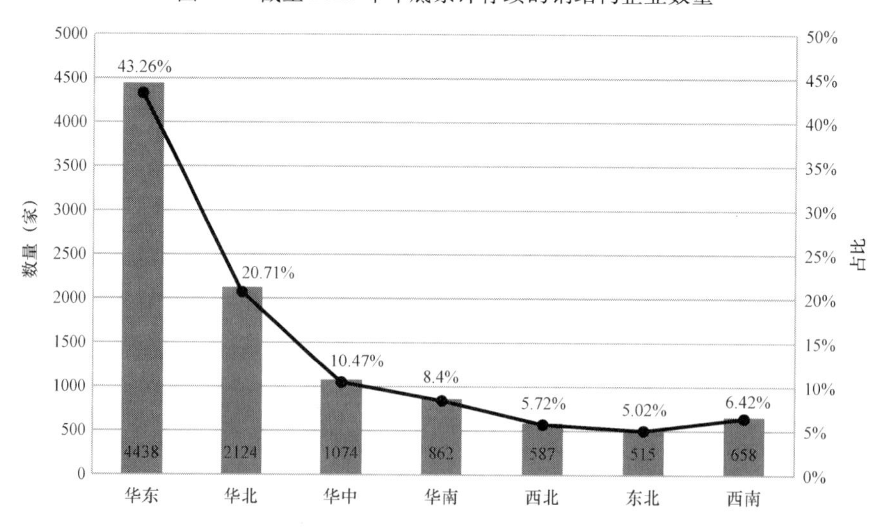

图3-4 截至2022年年底全国各区域累计存续的钢结构企业数量及占比（地区清单详见附录）

相比其他区域，华东区域拥有较好的钢结构生产及建设基础，今后的钢结构产业扶持政策可进行有针对性的倾斜。

3.1.2　预制混凝土（PC）构件企业

截至 2022 年年底，全国注册资本 1000 万元以上的预制混凝土构件工厂数量达 5511 家，其中存续的有 4596 家。2018—2022 年年底，全国累计注册资本 1000 万元以上的预制混凝土构件工厂存续的有 1417 家。从上述数据能够看出，2018—2022 年预制混凝土企业增长体量占比达到了 28.8%。图 3-5 所示为 2018—2022 年成立并存续的预制混凝土构件工厂数量。能够看出，2018—2019 年建厂趋势增长，2019—2022 年构件厂整体建厂趋势下滑，2021—2022 年从存续的 69 家直接下降到 19 家，同比下降 72.46%。

从图 3-6 可以看出，2022 年新增的预制混凝土构件厂主要集中在河北省。从图 3-7 可

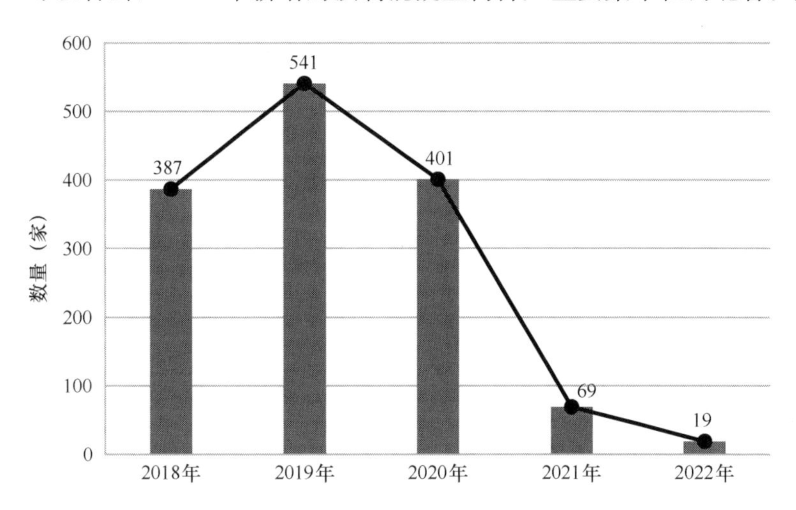

图 3-5　2018—2022 年成立并存续的预制混凝土构件工厂数量统计

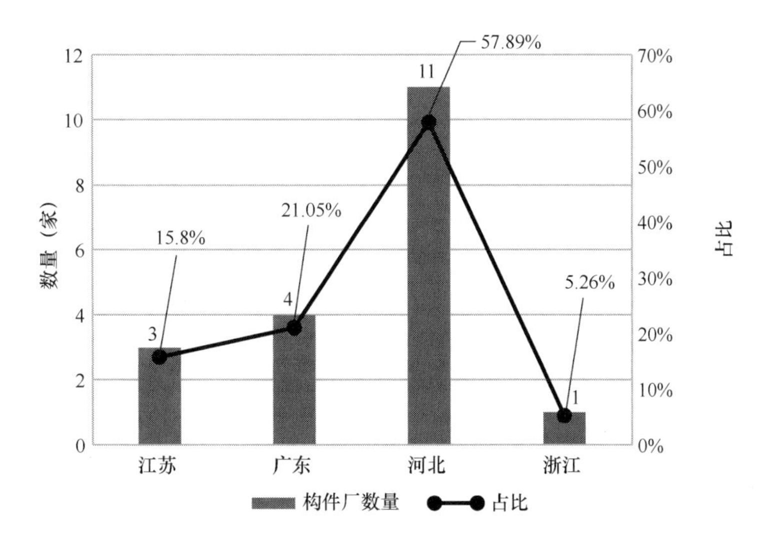

图 3-6　2022 年成立并存续的预制混凝土构件工厂数量及占比

以看出，预制混凝土构件厂数量排名前三位的分别是河南省、江苏省、山东省。排名前三的省份在2022年只在江苏省有三家新增预制混凝土构件厂，占比仅为15.79%，再结合2022年建筑行业的发展情况，可以推测，混凝土预制构件的市场在此三省已经趋于饱和状态。

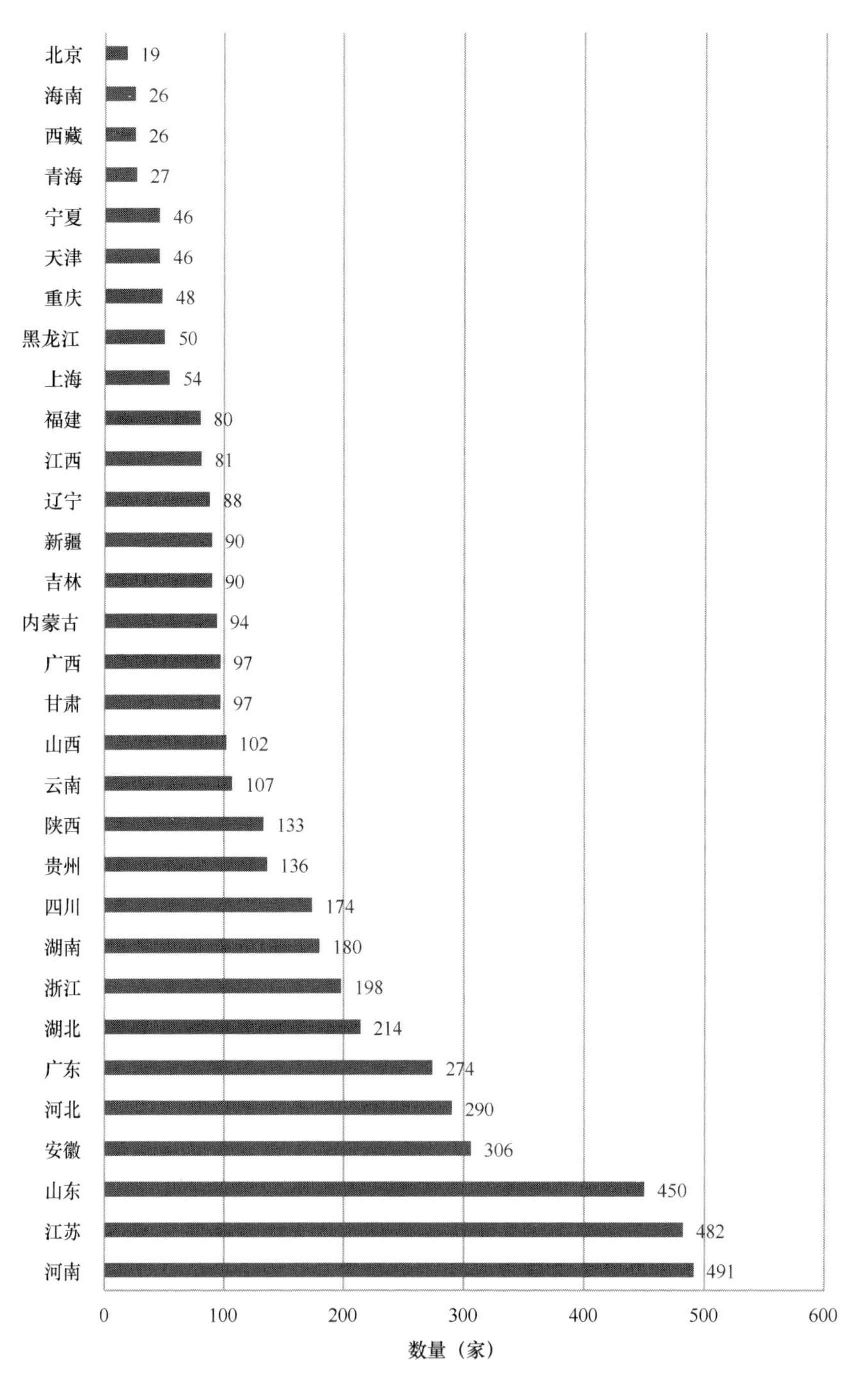

图3-7 截至2022年年底累计存续的预制混凝土构件工厂数量

截至 2022 年年底，累计存续的预制混凝土构件厂的地理分布区域见图 3-8。可以看出，全国各区域的预制混凝土构件厂数量各不相同，两极分化稍显严重。华东、华中两区域占比之和超过一半，其他地区发展水平相近，这与各区域经济发展情况密切相关。经济发达地区装配式建筑体系发展较为完善，还需大力提升的区域预制混凝土构件厂数量较少。结合图 3-8 来看，在全国预制混凝土构件厂数量总体新增趋势下降的前提下，西南、华中地区构件厂数量均有所提升。

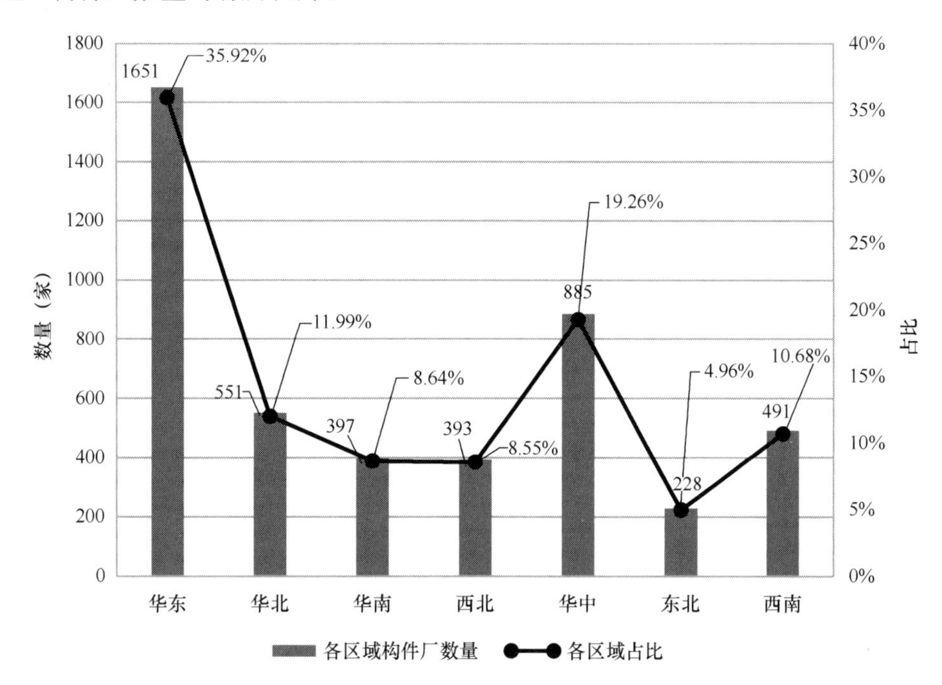

图 3-8　截至 2022 年年底全国各区域累计存续的预制混凝土构件工厂数量及占比
（地区清单详见附录）

3.1.3　木结构企业

注册时间为 2018—2022 年且迄今存续的注册资金 1000 万元以上的木结构相关企业如图 3-9 所示。可见，近 5 年木结构新注册企业数量呈现逐年减少的趋势，说明行业发展接近饱和，市场供需基本平衡。

从区域分布上看，截至 2022 年仍然存续的大中型木结构企业地域分布，如图 3-10 所示。可以发现，木结构企业发展存在不均衡现象，其中江苏省注册的企业数量最多，其次是山东省、安徽省和四川省。

从区域分布角度分析，截至 2022 年仍然存续的木结构企业数量及占比分布，如图 3-11所示。大部分木结构企业集中在华东区域，接近全国总数的 1/2。一方面，胶合木在原材料来源上，进口占了很大比重，华东城市借助港口优势占据了成本优势；另一方面，由于企业的社会化分工逐步细化，并向专业化方向发展，局部区域依然存在同质化竞

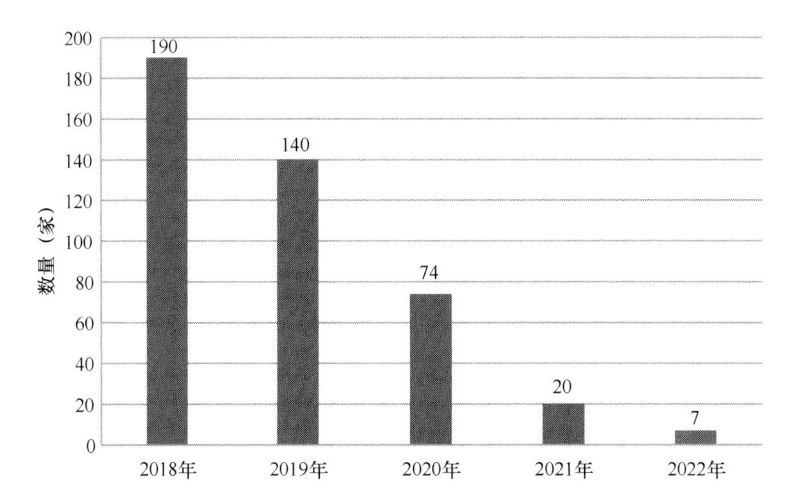

图 3-9　2018—2022 年新成立并存续的木结构企业数量

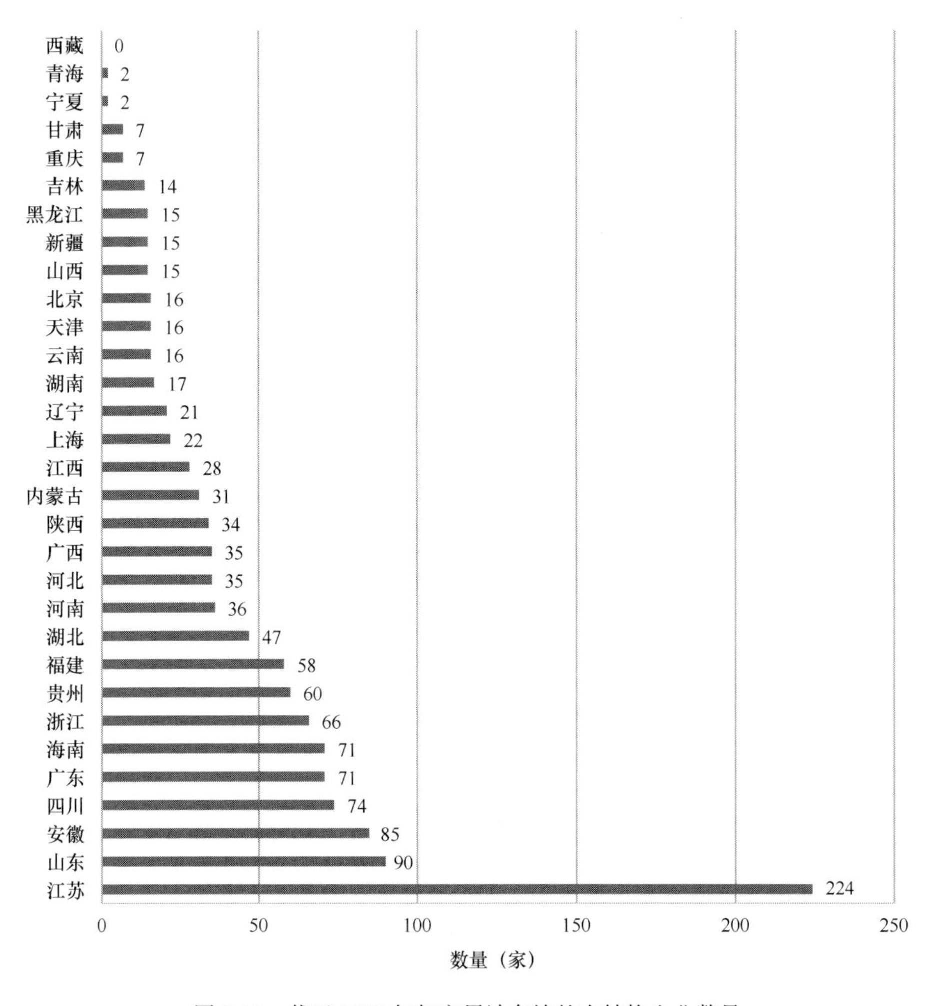

图 3-10　截至 2022 年年底累计存续的木结构企业数量

争的情况，其中华东区域最为显著。

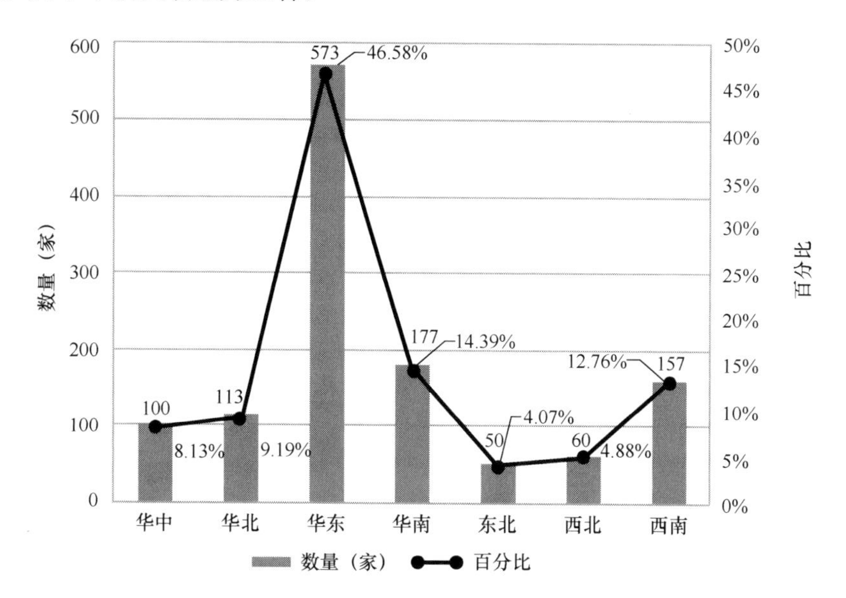

图 3-11　截至 2022 年年底全国各区域累计存续的木结构企业数量及占比（地区清单详见附录）

3.1.4　装配式围护企业

如图 3-12 所示，2018—2022 年共新增“装配式围护”领域且存续的大型企业共计 2847 家。2022 年新增大型存续的装配式围护企业有 195 家，同比 2021 年 235 家下降 17%，反映出装配式围护企业发展数量将放缓，企业数量将逐步趋于饱和状态。

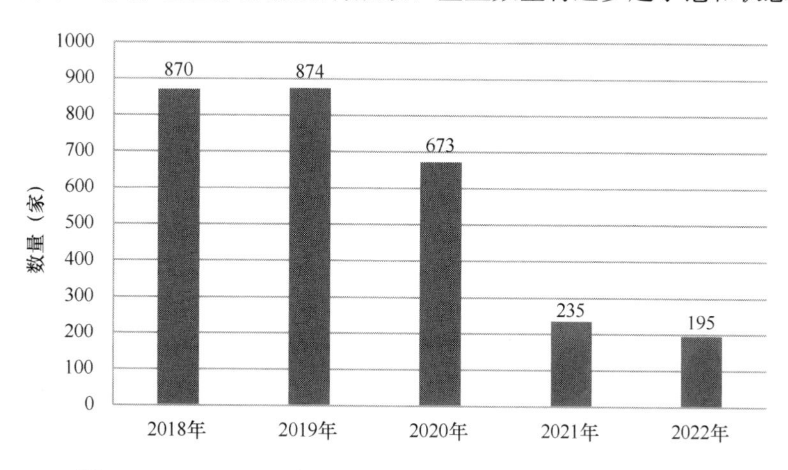

图 3-12　2018—2022 年成立并存续的装配式围护企业数量统计

从 2022 年新增企业所属细分领域来看，幕墙企业 90 家，墙板制造企业 135 家。从各省份增长数量来看，2022 年装配式围护企业增长数量靠前的省份及数量分别为：河北省 84 家，安徽省 30 家，甘肃省 21 家，河南省 7 家，具体如图 3-13 所示。

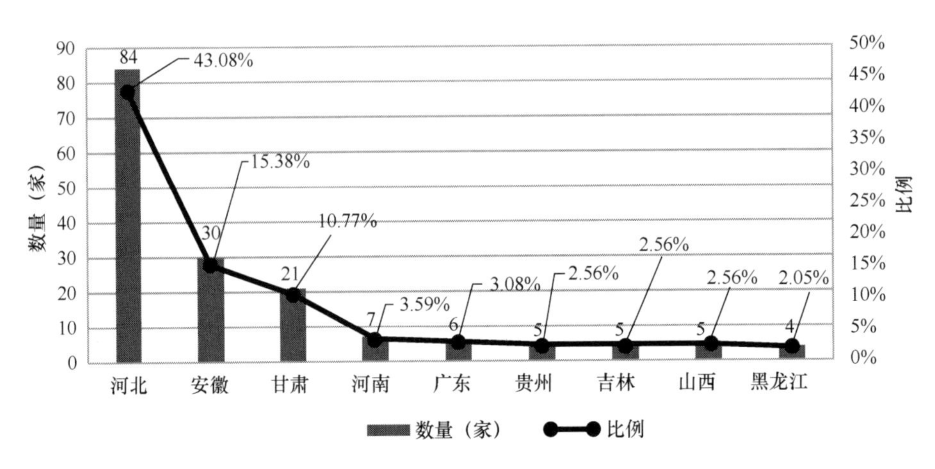

图 3-13　截至 2022 年年底累计存续的装配式围护企业数量及占比

截至 2022 年，全国共有装配式围护企业 7310 家。其中，幕墙类企业 5080 家，其他墙板类企业 2230 家。各省份装配式围护企业数量分布如图 3-14 所示。

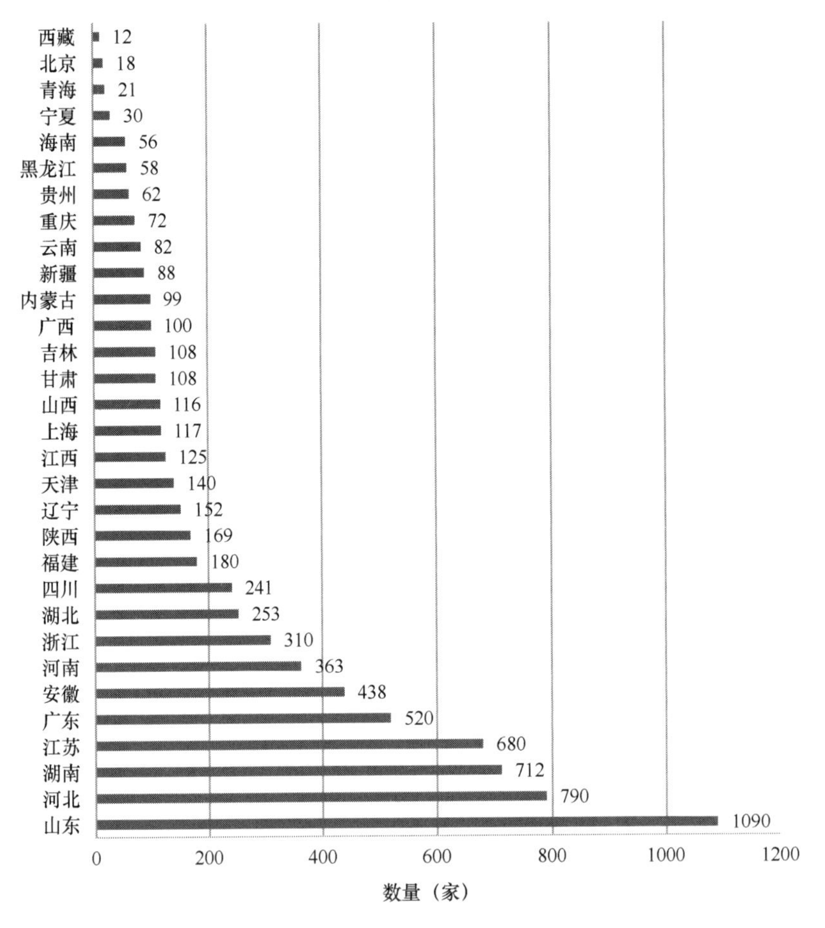

图 3-14　截至 2022 年年底累计存续的

装配式围护企业数量

由图 3-14 可看出，长三角、珠三角、京津冀地区累计存续的装配式围护企业数量较多，一方面此类地区的装配式发展水平较高，起步早；另一方面也与行业中资源转化利用政策有关。以山东为例，将尾矿资源重新开发利用变成围护部品原材，一定程度上促进了围护部品产业的发展。

其中，加气混凝土企业共 1500 家，陶粒板企业共 210 家，其他类型预制墙板企业 520 家，幕墙企业共 5080 家。加气混凝土企业主要分布如图 3-15 所示。

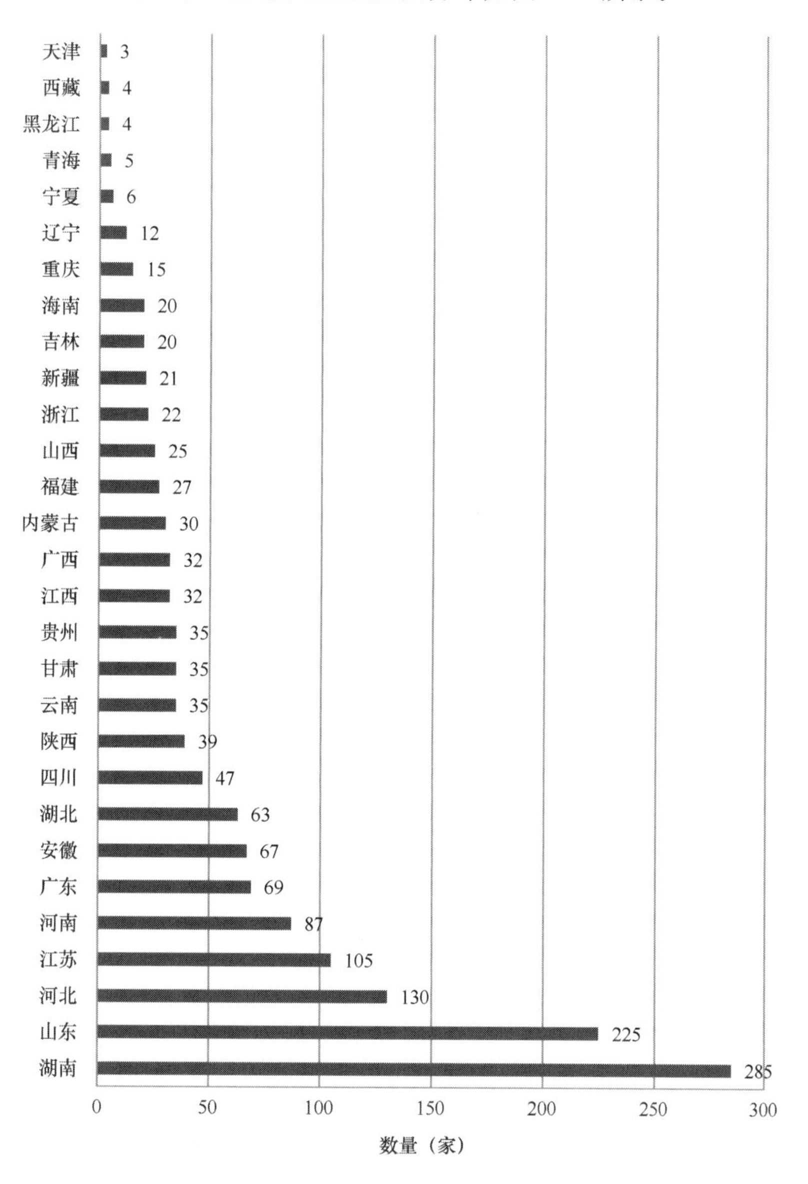

图 3-15　截至 2022 年年底累计存续的加气混凝土企业数量

3.1.5 装配式装修企业

如图 3-16 所示，成立年限为 2018—2022 年、注册资金 1000 万元以上的装配式装修相关中大型企业有 2690 家。从成立时间上看，每年全国累计存续的装配式装修企业数量总体稳步上升，从每年新增的数据来看，2019 年新增企业数量最多，自 2020 年开始新增企业数量逐步放缓，截至 2022 年企业数量逐渐趋向稳定。

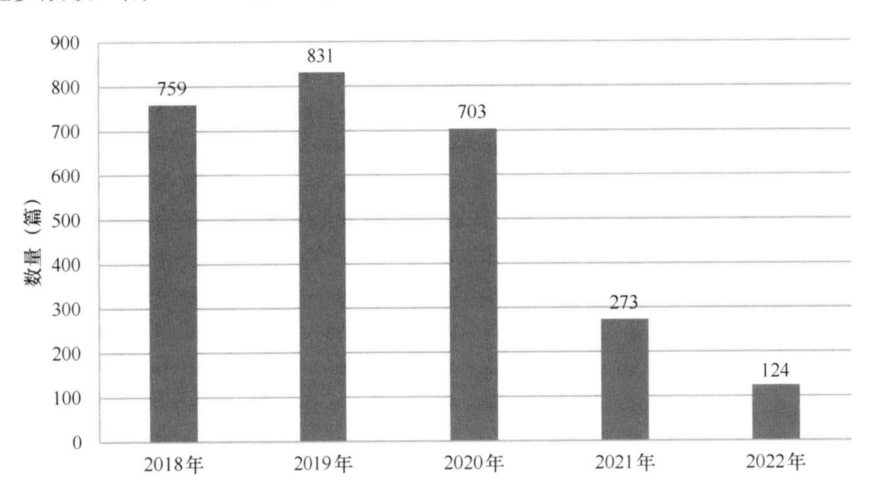

图 3-16　2018—2022 年成立并存续的装配式装修企业数量

从区域分布来看，截至 2022 年年底仍然存续的大中型装配式装修企业地域分布如图 3-17所示。

从区域分布角度分析，截至 2022 年年底仍然存续的装配式装修企业发展大部分集中在中部地区和东南沿海地区，与现阶段各地区经济发展状况相吻合，如图 3-18 所示。

从 2022 年，全国各省、自治区、直辖市新增的装配式装修企业数量如图 3-19 所示。

从图 3-19 中可以看出，与 2021 年相比，整体数量依旧呈上升趋势，但部分地区同比增长较去年有所下降，个别区域无新增企业。从区域来看，华东和华中区域发展较好。新增企业需要不断提升市场竞争和技术创新能力，共同推动装配式装修市场更好的发展。整体来说，装配式装修行业发展处于快速变化的阶段。

3.1.6 装配式桥梁企业

2018—2022 年间，全国共成立了 1446 家注册资金在 1000 万元以上的大中型装配式桥梁设计、生产和施工相关企业，如图 3-20 所示。其中，2018—2020 年相关企业呈快速增长趋势，年增长量超过 400 家，体现了我国装配式桥梁的快速发展和广泛应用。但由于疫情和投资环境的影响，2021 年和 2022 年的新增企业数量明显下降，行业增速放缓，相信随着各行业的复苏和预制装配桥梁的进一步推广应用，未来装配式桥梁企业增速也将有所回升。

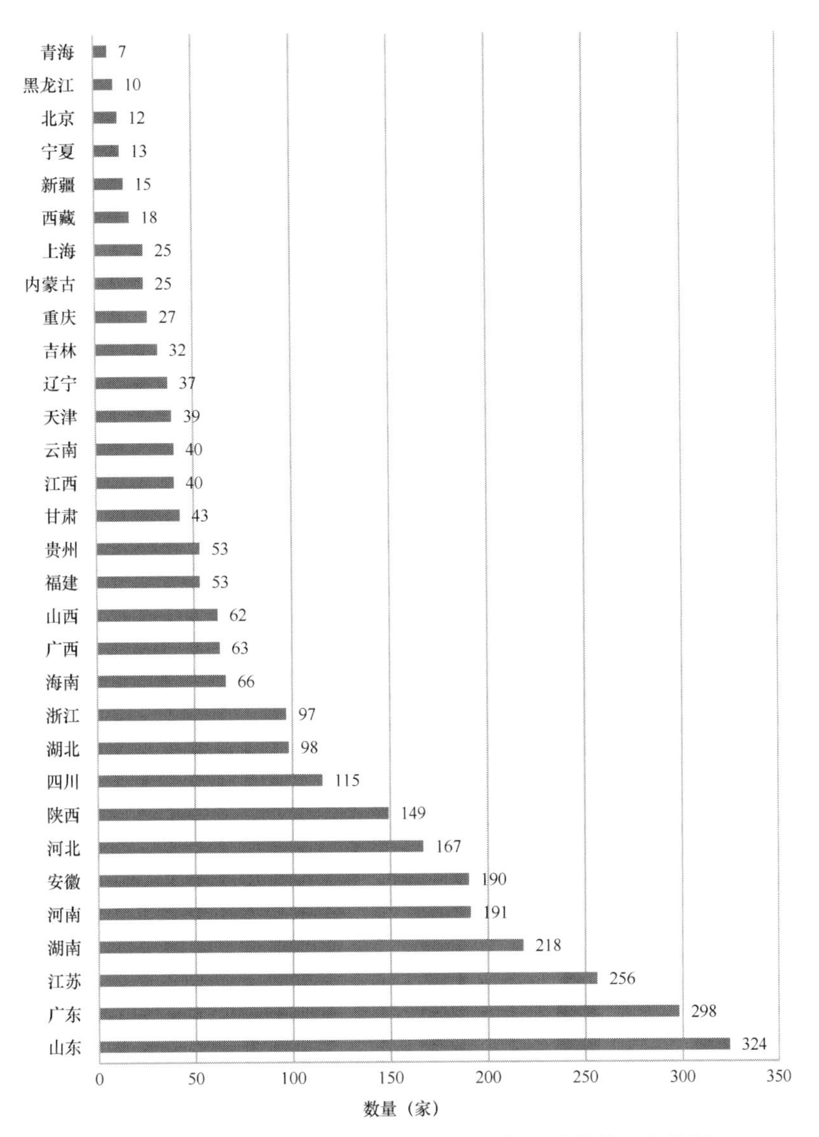

图3-17　截至2022年年底累计存续的装配式装修企业数量

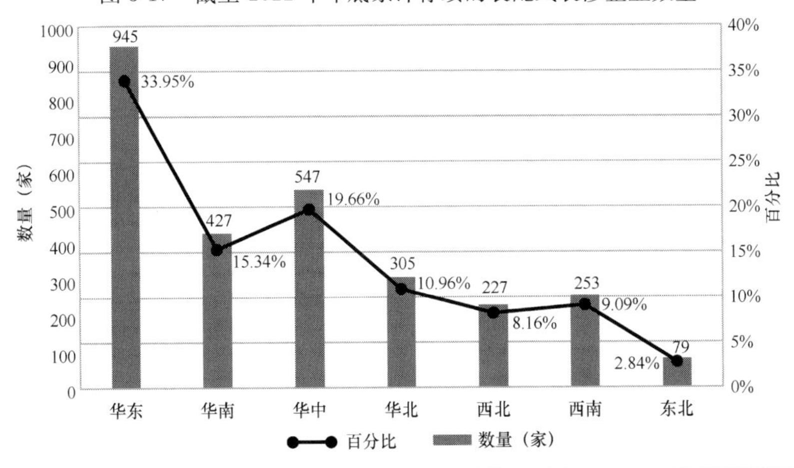

图3-18　全国各区域2022年装配式装修企业新增数量及占比（地区清单详见附录）

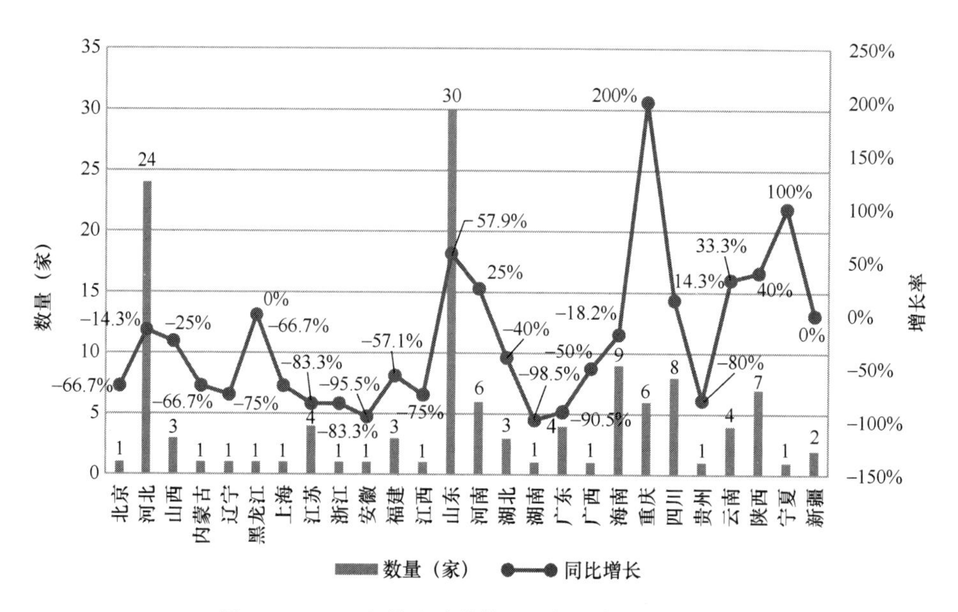

图 3-19 2022年装配式装修企业新增数量及增长率

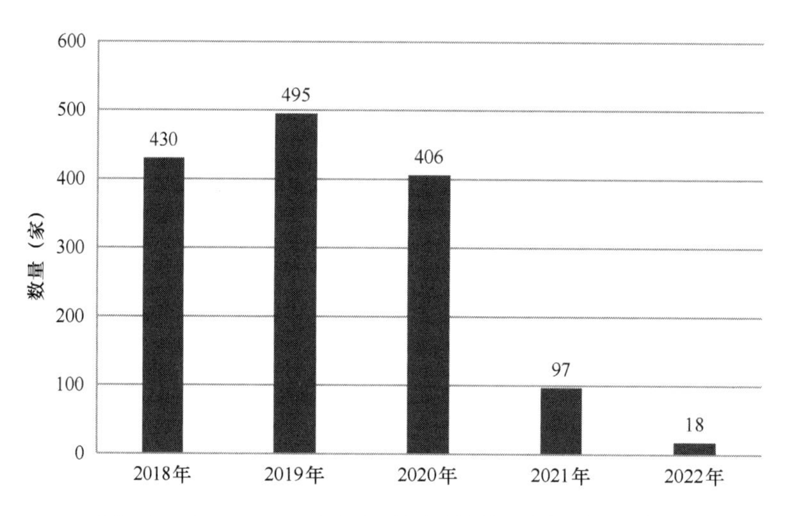

图 3-20 2018—2022年每年全国新增装配式桥梁企业数量

从区域分布上看，过去5年间新增仍存续的装配式桥梁相关企业的地区分布如图3-21所示，企业数量最多的前三个地区为江苏省、山东省和河南省。2022年新增的装配式桥梁相关企业的地区分布如图3-22所示，新增企业数量最多的前三个地区为河北省、广东省和安徽省。

从地理区域分布的角度分析，近5年全国新增仍存续装配式桥梁企业的地理区域分布和占比如图3-23所示，新增企业主要分布在华东和华中地区，总占比超过50%，远高于其他区域。

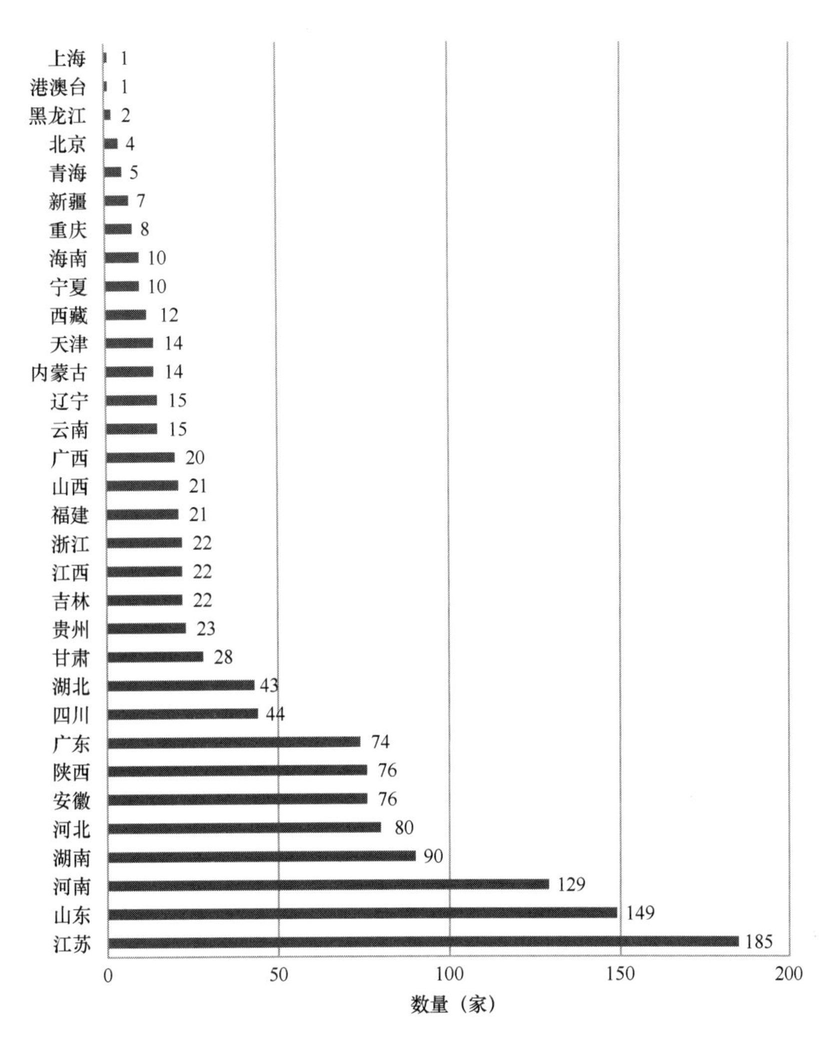

图 3-21　2018—2022 年新增装配式桥梁企业的地区分布（仍存续）

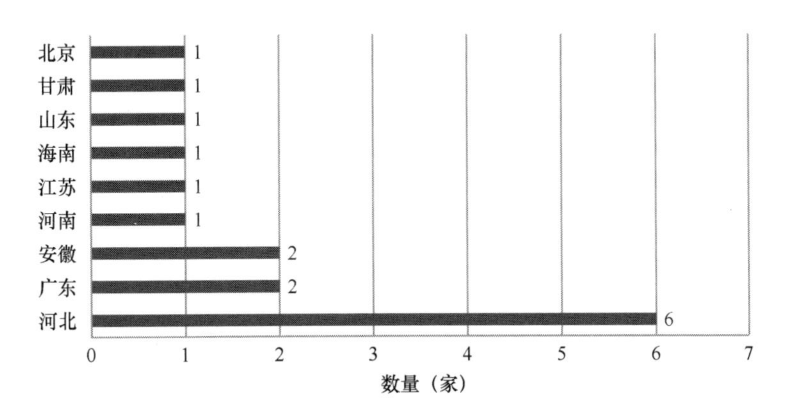

图 3-22　2022 年新增预制装配式桥梁生产企业的地区分布

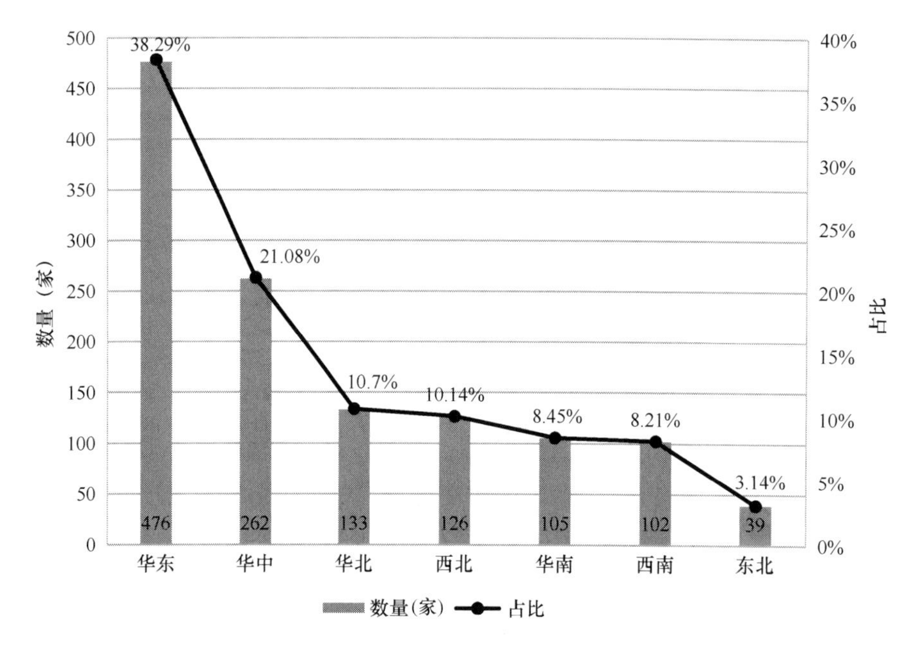

图 3-23　2018—2022 年全国新增装配式桥梁企业的区域分布和占比图
（地区清单详见附录）

3.1.7　装配式地下工程企业

选取成立年限为 2018—2022 年，共发现 40 家注册资金 1000 万元以上的装配式地下工程企业。从时间来说，每年全国累计存续装配式地下工程企业数量总体呈下降趋势，2018—2021 年受房地产调控政策和疫情等多因素影响，装配式地下工程企业的新增数量急剧下降；2022 年伴随疫情进入尾声，加之国家大力整顿，力求恢复被疫情重创的经济形势，装配式地下工程企业发展出现转折，如图 3-24 所示。

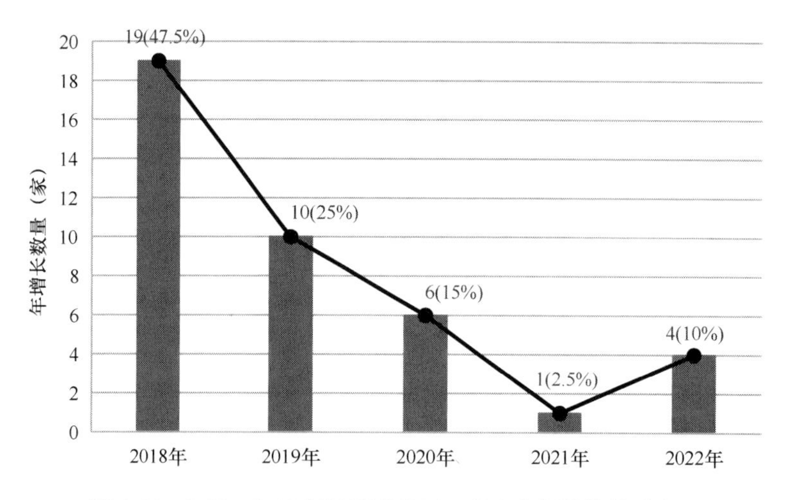

图 3-24　2018—2022 年装配式地下工程企业新增数量及占比

截至 2022 年年底，全国累计存续的装配式地下工程相关企业分布情况如图 3-25 所示。截至 2022 年年底，全国各区域累计存续的装配式地下工程相关企业分布情况如图 3-26 所示。从图中可看出，5 年来装配式地下工程相关企业增速下降，新增企业主要集中在安徽、陕西、江苏、湖北、河北、广东等地。从地理区域划分上来看，新增企业主要集中于华东地区。装配式地下工程的主要形式为地铁和车站结构，其发展与城市的地下空间开发力度密不可分。新增企业的总体地理布局由东南沿海向华东、华中地区转移，说明中部、北部地区的城市已开启地下工程建设的时代，同时也体现了国家经济、发展水平的整体提高。

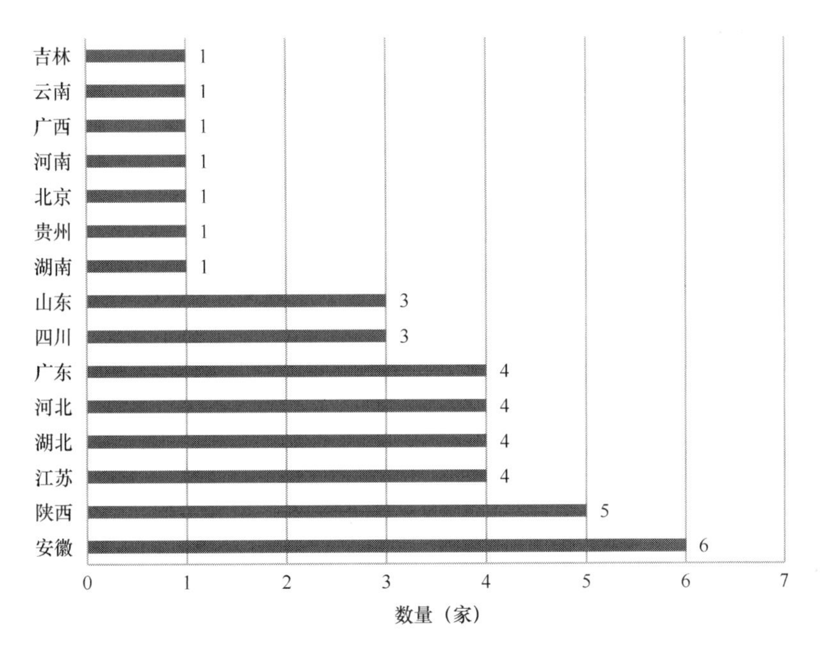

图 3-25　2022 年累计存续的装配式地下工程相关企业数量

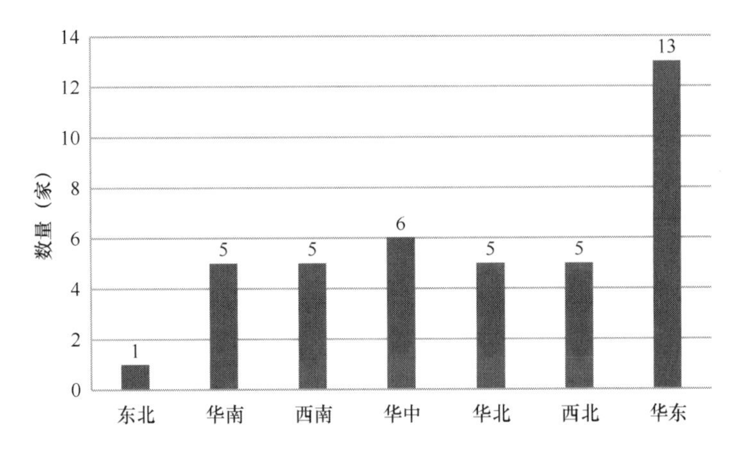

图 3-26　截至 2022 年年底全国各区域累计存续的装配式地下工程相关企业数量

（地区清单详见附录）

3.1.8 绿色建造企业

注册时间为2018—2022年且迄今存续的注册资金1000万元以上的新增绿色建造相关企业如图3-27所示，共计432家。2018—2022年5年来新增绿色建造相关企业总体呈上升趋势，2022年增速较快，同比增长40.9%。2022年新成立且存续的绿色建造相关企业分布情况如图3-28所示，主要集中在江苏、广东、陕西等地。

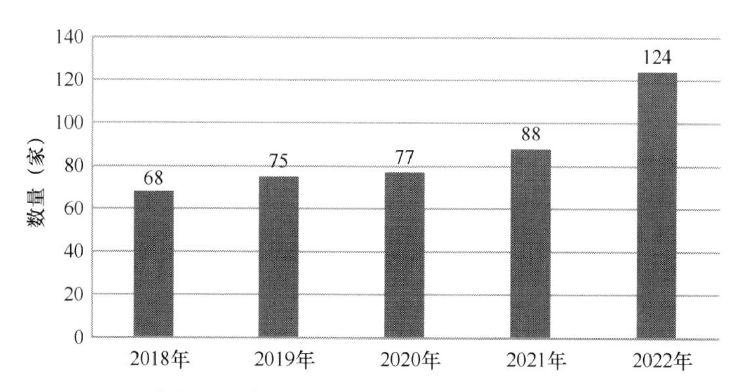

图3-27 2018—2022年新增且仍存续的注册资金1000万元以上的绿色建造企业数量

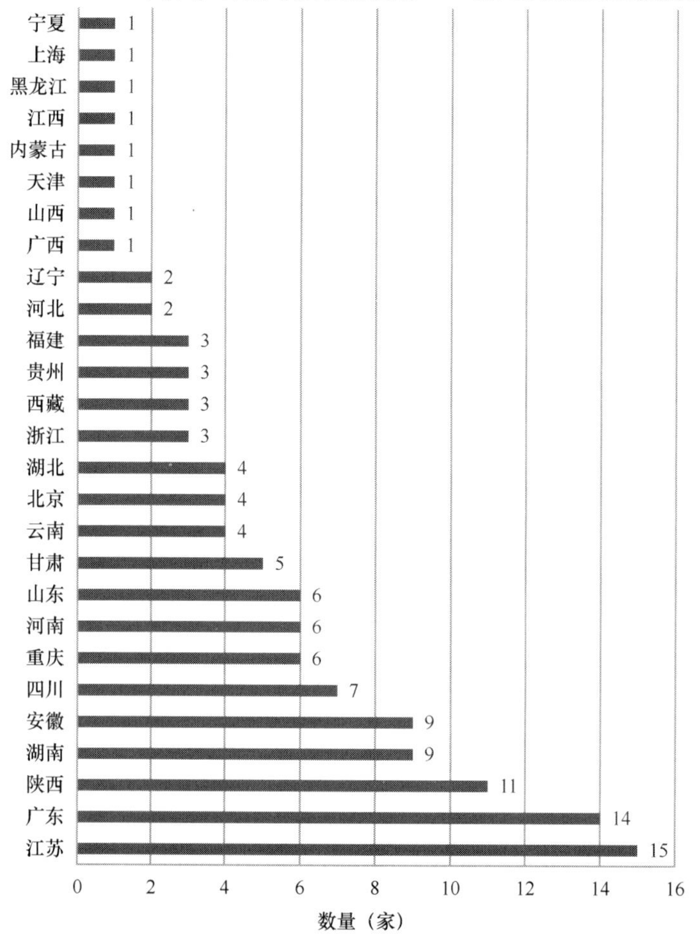

图3-28 2022年成立且存续的绿色建造相关企业数量

截至 2022 年年底全国各省、自治区、直辖市累计存续的绿色建造相关企业分布情况如图 3-29 所示，主要集中在四川、安徽、湖北、江苏等地。截至 2022 年年底全国各区域累计存续的绿色建造相关企业共 629 家，分布情况如图 3-30 所示，华东地区的绿色建造相关企业数量约占全国的 1/3。中西部等经济欠发达地区相关企业数量相对较少，可见发展还相当不平衡。但随着国家和各地的绿色建筑推动政策陆续出台，不同地区间的不平衡趋势可有所减弱。

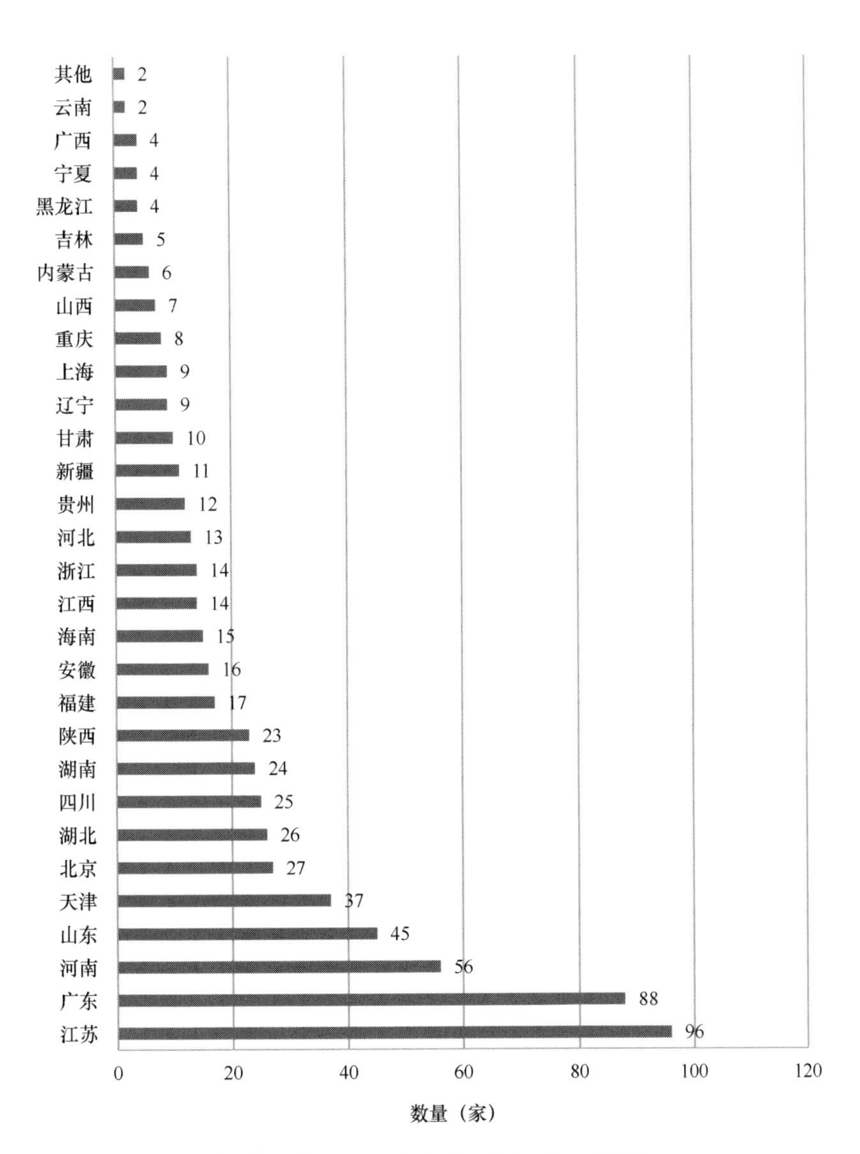

图 3-29　截至 2022 年年底全国各省、自治区、直辖市累计存续的绿色建造相关企业数量

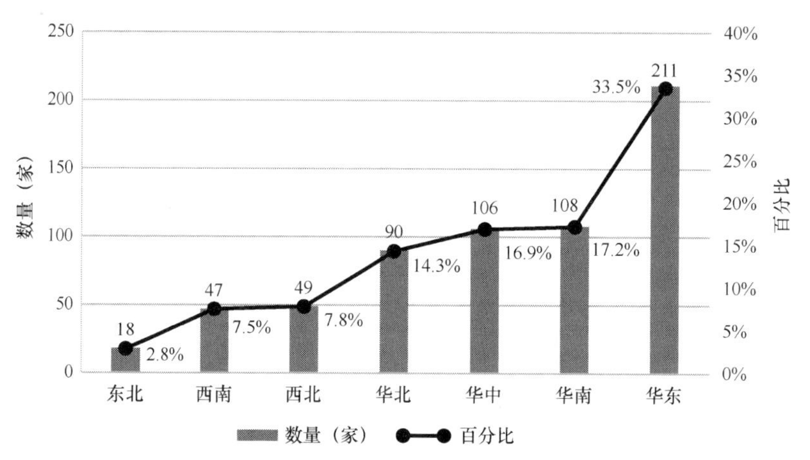

图 3-30 截至 2022 年年底全国各区域累计存续的绿色建造相关企业数量及占比（地区清单详见附录）

3.1.9 智能建造企业

企业总体情况有以下内容：

注册日期为 2018—2022 年且迄今存续的注册资金 1000 万元以上的智能建造相关企业如图 3-31 所示。这些领域的企业在建筑领域的经营范围中的增长趋势。BIM、云计算、大数据、互联网、人工智能等领域的企业数量在过去几年中呈现出较为明显的增长趋势，尤其是在 2021 年和 2022 年，增长速度更是明显。而物联网、区块链、移动通信和建造机器人等领域的企业数量虽然也在增长，但增速相对较慢。这表明，在智能建造领域，BIM、云计算、大数据、互联网、人工智能等技术得到了更多的应用和重视，对于推动智能建造

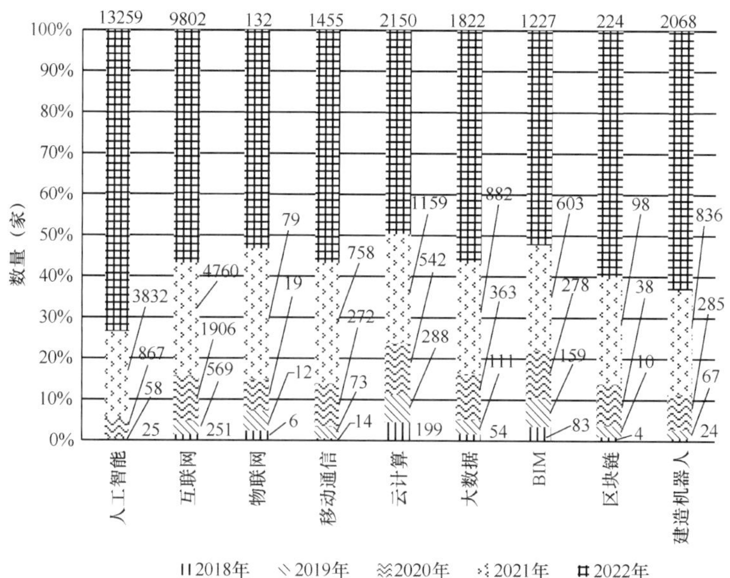

图 3-31 2018—2022 年注册且迄今存续的注册资金 1000 万元以上的智能建造企业情况

发展具有重要的作用。

根据经营范围的数量，如图 3-31 所示，我们可以看出 2022 年注册企业对于互联网和人工智能的重视程度最高，分别达到了 13259 家和 9802 家。这也符合智能建造的趋势，因为智能建造技术的实现离不开互联网和人工智能等新兴技术的支持。

另外，区块链和物联网的经营范围数量较少（图 3-32），但是它们在智能建造中的应用也有很大潜力。区块链技术可以实现建筑信息的安全共享和存储，物联网则可以实现各种设备的互联互通。随着技术的不断进步和应用的拓展，它们的应用前景也会越来越广阔。

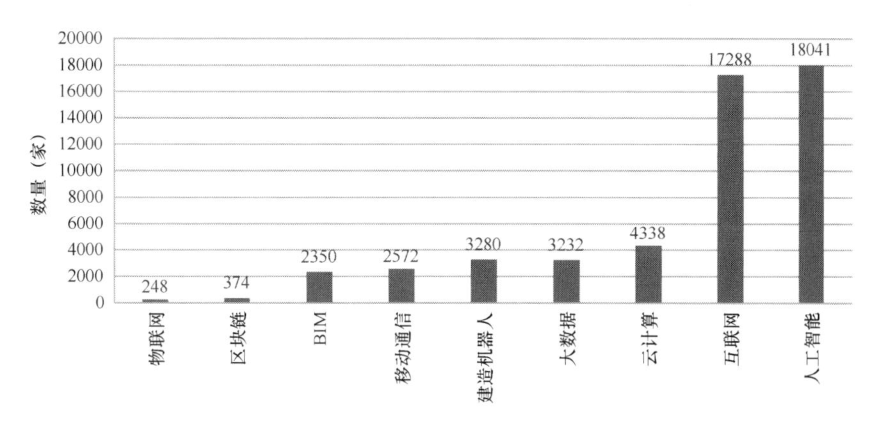

图 3-32　2018—2022 年智能建造类各行业的建筑相关企业分布情况

互联网与人工智能爆发式增长影响下，核准 2022 年注册总资本 1000 万元以上的智能建造相关企业逾 5.8 万家，且主要分布在陕西，当地政策对人工智能和互联网产业较为侧重，产业集群地则需要市场转化的突破口，建筑业低信息化、智能化，高投入、资金流的情况也吸引着人工智能和互联网产业纷纷入场布局，正逢智能建造政策落地之时，进一步促进了产业行业之间的交融。如图 3-33 所示。

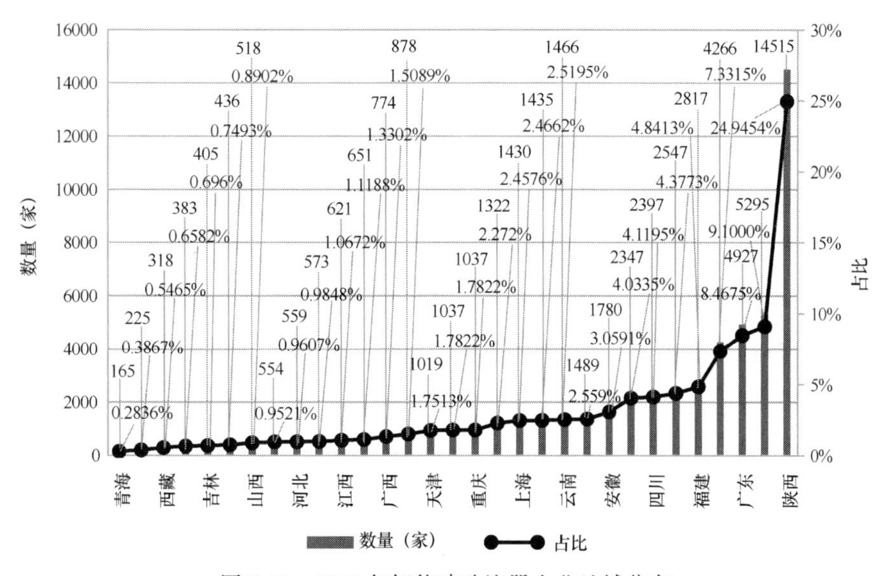

图 3-33　2022 年智能建造注册企业地域分布

3.2 行业发展总体情况

3.2.1 钢结构装配式行业产业发展情况

1. 整体行业

近年来，随着我国建筑业企业生产和经营规模不断扩大，建筑业总产值持续增长，钢结构产值占建筑业总产值的比例总体呈上升趋势。根据国家统计局的数据，国内钢结构产量从2018年的6800万t增长到2022年的10500万t，年均复合增长率达到11.5%，市场规模增速较快。快速增长的钢结构产量为钢结构发展创造了基本条件。

2022年，全国粗钢产量约10.18亿t，较2021年有所下降。2022年全国钢结构产量约占全国粗钢产量的10.31%，增长速率较2021年下降约0.75%。如图3-34和图3-35所示。

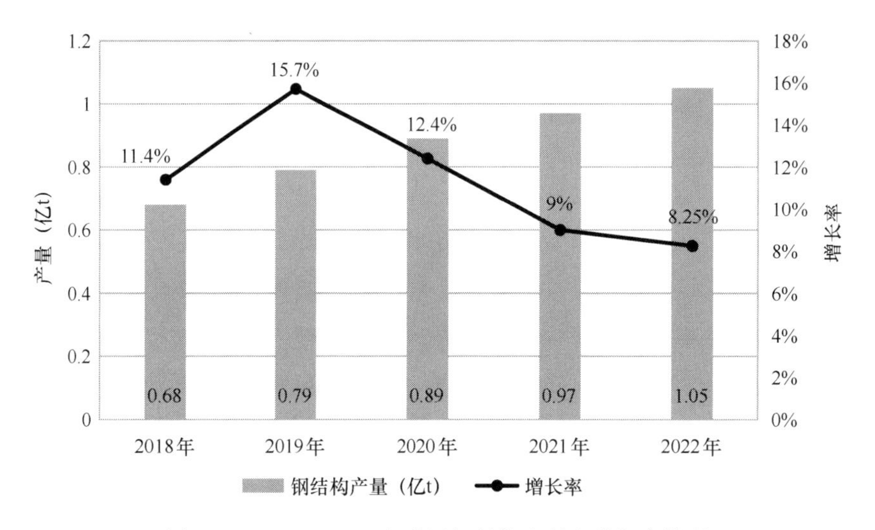

图3-34　2018—2022年我国钢结构产量和增长率情况

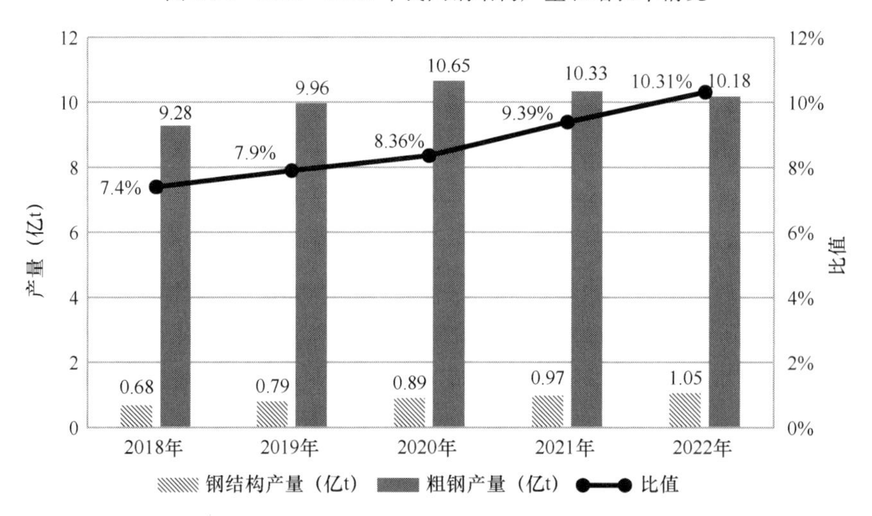

图3-35　2018—2022年我国钢结构产量在粗钢产量中占比情况

2. 头部企业

目前，我国钢结构行业前5大上市公司为安徽鸿路钢结构（集团）股份有限公司（以下简称鸿路钢构）、长江精工钢结构（集团）股份有限公司（以下简称精工钢构）、浙江东南网架股份有限公司（以下简称东南网架）、安徽富煌钢构股份有限公司（以下简称富煌钢构）、杭萧钢构股份有限公司（以下简称杭萧钢构）。2022年5家公司累计新签订单合同额及增长率如图3-36所示。其中，鸿路钢构新签合同额最高，其2022年年末已实现年产能目标480万t，达到日产万吨的行业领先水平。杭萧钢构的新签合同额同比增长率达到53.5%，远超其他4家。富煌钢构2022年新签合同额较2021年出现下降。

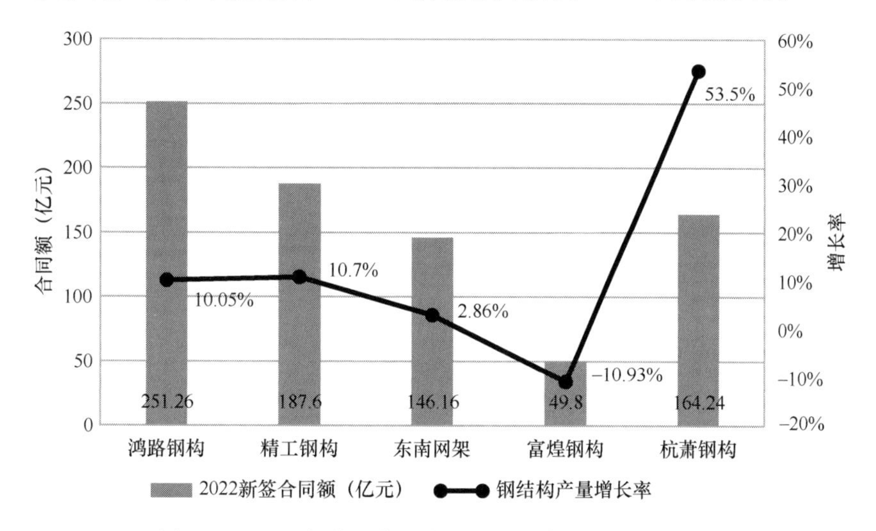

图3-36　2022年前5大上市公司新签合同额及同比增速

从钢结构产值来看，近几年来，钢结构的产值随着国家整体经济发展和建筑行业产值的提升而同步增长，钢结构行业在建筑业中的比重也逐年增加，如表3-1、图3-37所示。可以看出，在国家及地方政策的扶持下，我国钢结构行业稳步发展，各地采取的发展策略正确可靠。

2018—2022年我国钢结构产值情况　　　　**表3-1**

年份	建筑业总产值（亿元）	钢结构产值（亿元）	钢结构占建筑业比例
2018年	235085	6736	2.87%
2019年	248446	7400	2.98%
2020年	263947	8100	3.07%
2021年	293079	9700	3.31%
2022年	311980	10700	3.43%

3. 未来展望

2021年10月，中国钢结构协会发布了《钢结构行业“十四五”规划及2035年远景目标》，提出钢结构行业“十四五”期间发展目标：到2025年年底，国内钢结构用量达到1.4亿t左右，占中国粗钢产量比例15%以上，钢结构建筑占新建建筑面积比例达到15%

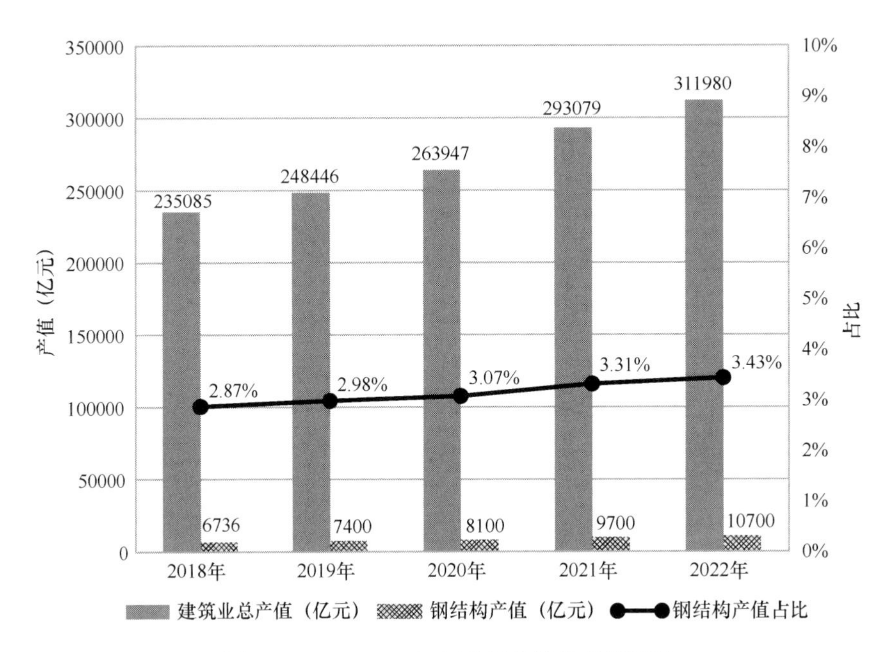

图3-37　2018—2022年我国钢结构产值情况

以上。到2035年，我国钢结构建筑应用达到中等发达国家水平，钢结构用量达到每年2.0亿t以上，占粗钢产量25%以上，钢结构建筑占新建建筑面积比例逐步达到40%，基本实现钢结构智能建造。

3.2.2　装配式混凝土行业产业发展情况

1. 行业发展状况

2022年全国新开工装配式混凝土结构建筑约5.5亿m^2，同比增长12.24%，较2021年增速增长0.04个百分点，占新开工装配式建筑的比例为60%，较2021年占比下降7.7个百分点。2022年全国装配式混凝土相关构配件生产企业数量较2021年略有下降，广东、福建一带发展迅速，其余地区受到了不同程度的冲击，企业的关停率在30%以内。2022年预制混凝土构件厂发展相对比较健康的是珠三角市场，预制混凝土构件厂经营状况相比其他省份比较稳定。珠三角地区大型混凝土构件生产企业约40家，该地区有由供需双方决定的构件供需市场，市场调节作用明显，加上该地区一些构件厂会承接香港地区项目的预制构件制作，故而整个地区预制混凝土构件市场整体较为稳定。

2. 行业发展分析

1）行业发展现状

2022年装配式建筑新开工面积约为9.2亿m^2，同比增长24.8%，较2021年同比上升7.3%，由此可以看出装配式建筑新开工面积逐年上升，装配式混凝土建筑新开工面积的占比稳定，从2018年开始占比可达50%以上，说明装配式混凝土建筑发展稳定，是我国装配式建筑的主要发展方向。如图3-38和图3-39所示。

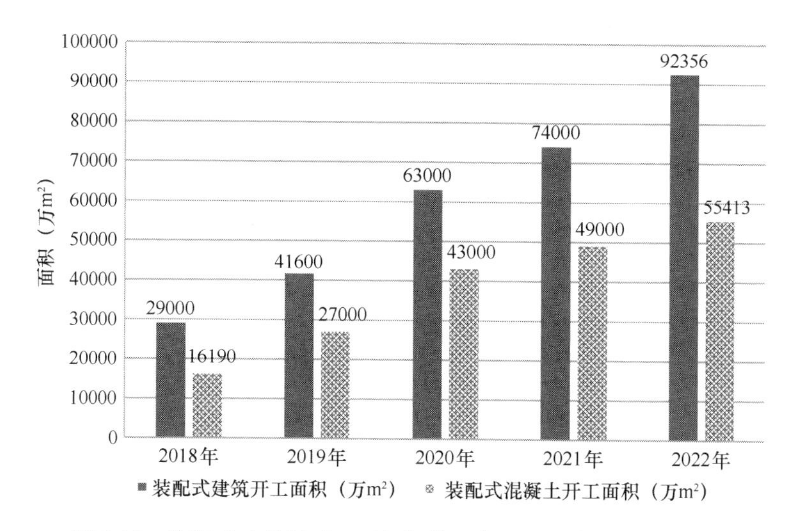

图 3-38　装配式建筑新开工面积与装配式混凝土建筑新开工面积

2）行业发展痛点

建筑业正处在转型升级高质量发展的阶段，绿色化、信息化以及工业化是未来建筑行业发展的趋势。随着装配式混凝土建筑这些年的发展，相关问题也逐渐显露出来。

（1）标准化程度低，装配式混凝土建筑成本高

目前，装配式混凝土建筑企业反映最为强烈的问题为行业的标准化程度不高，装配式混凝土建筑整体的成本大于传统建筑施工的成本，综合效率和效益优势发挥不明显。装配式混凝土建筑行业标准化的滞后发展，制约了工业化和规模化生产，设计与生产、施工相脱节，不能很好地发挥出装配式混凝土建筑原本的质量优良、工期缩短以及成本降低的优势。

（2）发展水平不齐

随着国家不断推进装配式建筑的发展，各地区装配式混凝土建筑的发展良莠不齐。主要的问题表现在：

①装配式混凝土建筑设计阶段发展不成熟，难以实现常规正向设计步骤；

②各地区经济水平不齐，导致预制混凝土构件生产水平不一，差距较大；

③行业企业缺少经验，装配式混凝土建筑的成本不降反增；

④装配式混凝土相关企业之间存在恶性竞争，打价格战，难以形成良性发展。

（3）人才培养体系不完善

行业有创新需求，需要人才支撑，目前行业人才队伍转型的速度还不够快。据不完全统计，2021 年全国具有装配式混凝土建筑设计深化经验的设计单位占全部设计单位的比例为 12.9%，相应的装配式混凝土建筑施工单位占比为 9.2%，经过培训的技能工占所有实名制工人的比例仅为 1.8%，经过专业施工培训的更少，人才队伍储备及能力不足严重影响了装配式混凝土建筑的持续健康发展。

（4）产业链协同差，监管力度薄弱

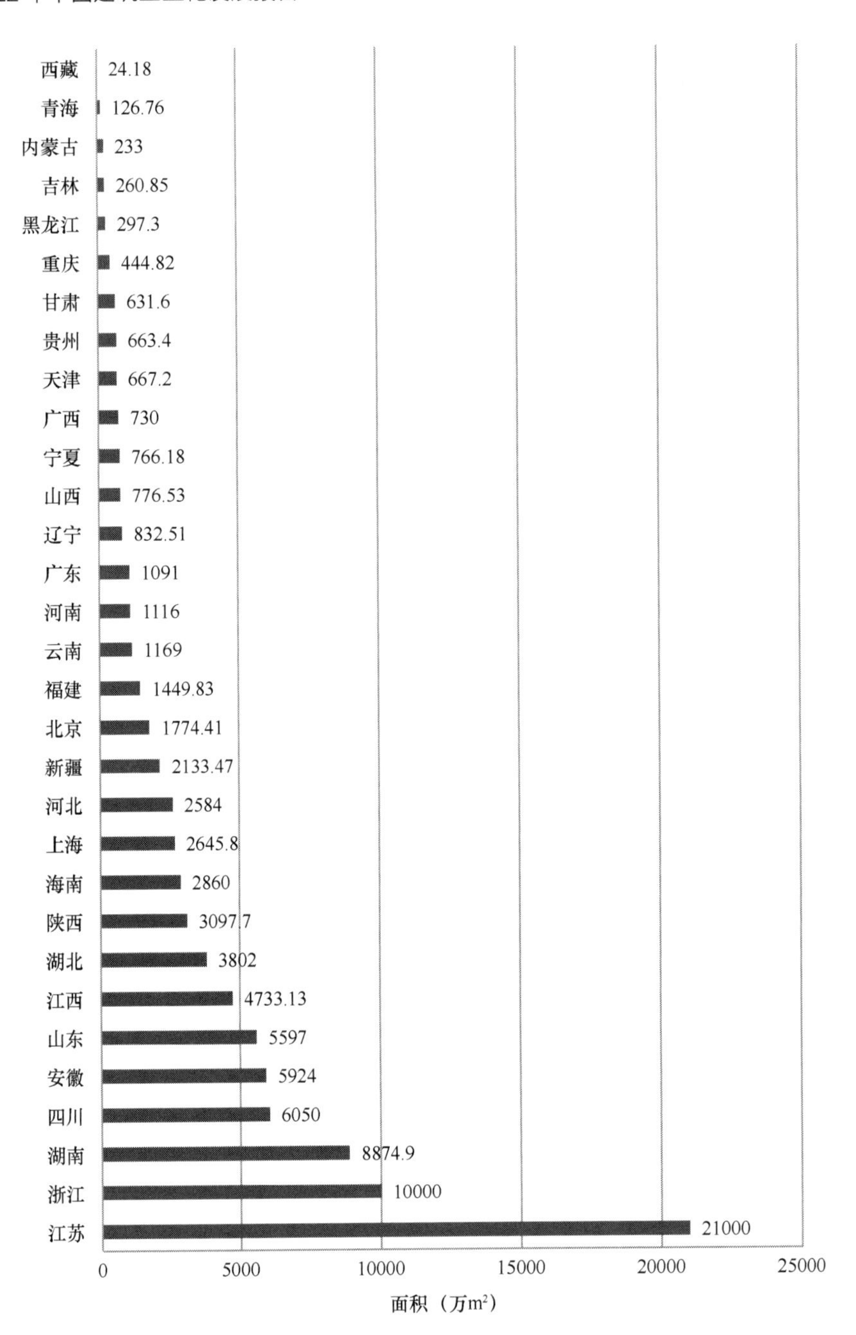

图 3-39　2022 年装配式建筑新开工面积

现阶段预制混凝土构件的生产厂家属于工业企业，技术安全由技术监督部门管理，但产品属于工业半成品，由建材主管部门监管，难以做到一体化全过程监管；装配式建筑是一个系统工程，设计、生产、施工等环节是相互渗透的，但就目前来看，各个阶段渗透不足，阶段产业链协同程度较低，难以形成一个完整的系统。

3）解决思路

（1）提升装配式建筑企业质量管理水平。

(2) 降低装配式建筑的施工成本。首先，实施装配式工程的正向设计，提高设计标准化水平，实现工业化、规模化生产和安装。其次，实施工程总承包 EPC 模式，统筹策划，实现设计、生产和施工的协同。

(3) 实施标准化设计。标准化设计的实施有利于建立更加规范的装配式混凝土建筑体系，能够规范预制混凝土构件的生产，进一步推进建筑工业化，同时也能降低装配式混凝土建筑的使用成本。

综上所述，装配式混凝土建筑领域发展态势明显，相关问题也都有相对应的行之有效的解决方法，装配式混凝土建筑整体发展趋势良好。

3.2.3　木结构装配式行业产业发展情况

选定 7 个省份（四川、河北、广东、湖北、山东、江苏、浙江），如图 3-40 所示，发现 2018—2022 年各年新开工面积较为均衡，到 2022 年有所回落，说明行业正在转型，开启迈向高质量发展的阶段。

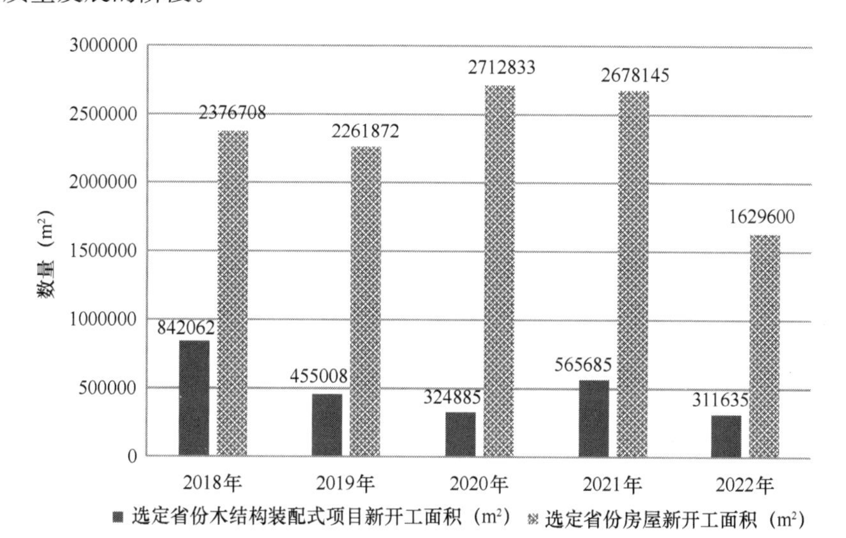

图 3-40　2018—2022 年选定 7 个省份的新开工面积

注：2020 年开始增加浙江省数据。

2018—2022 年选定 7 个省份的木结构装配式项目新开工面积均有逐年下降趋势，但从 2021 年开始，木结构装配式项目数量开始回升，造成回升态势的原因可能是“碳达峰”“碳中和”目标的提出刺激了木结构装配式项目的增长。

如图 3-41 所示，2018—2022 年间，江苏省、山东省木结构建筑新开工面积一直处于领先位置。2021 年起，四川省木结构建筑新开工面积增长势头超过江苏省和山东省，同时 7 省的发展规模趋于平衡，说明木结构建筑的发展正逐步打破区域限制，正逐步走向多点开花并辐射周边的发展模式。

如图 3-42 所示，近 5 年旅游度假类木结构建筑占比一直保持着领先优势。住宅类建

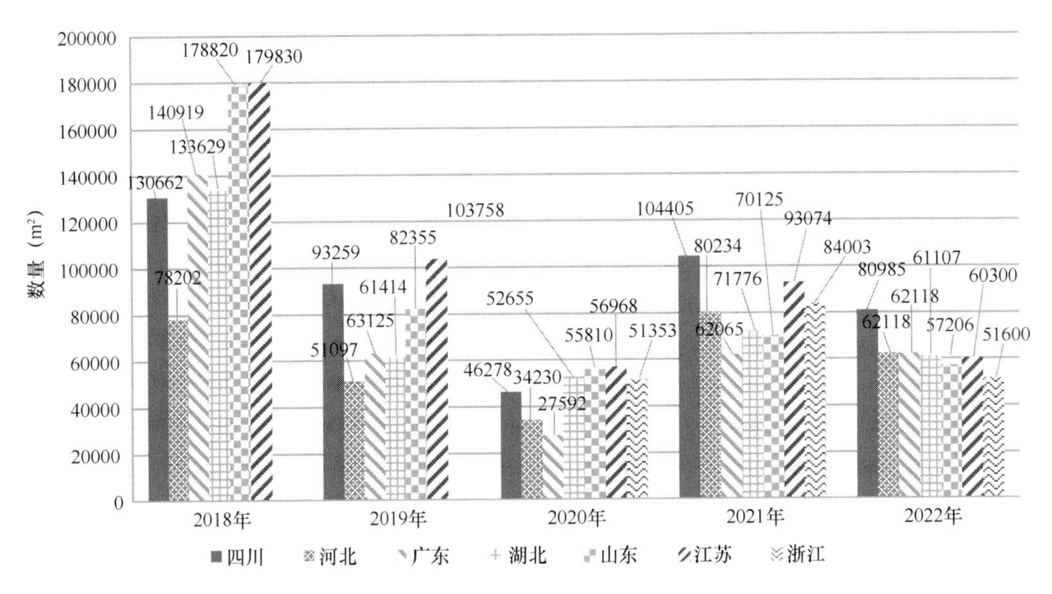

图 3-41　2018—2022 年选定 7 个省份的木结构新开工面积

注：2020 年开始增加浙江省数据。

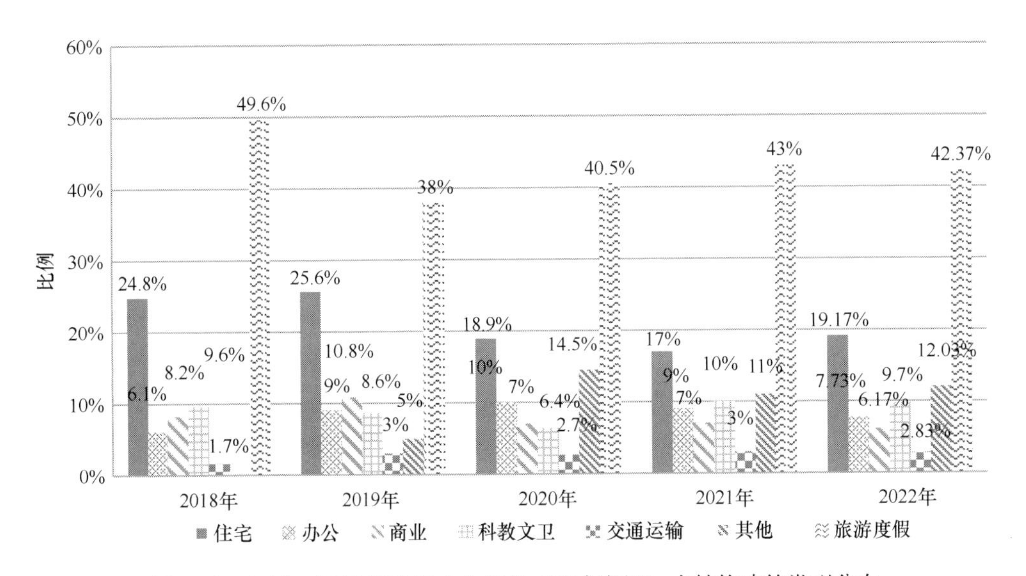

图 3-42　2018—2022 年选定 6 个省份（不含浙江）木结构建筑类型分布

筑的占比虽然保持着第二，但近几年有下降的趋势。科教文卫类建筑占比自 2020 年后开始回升。办公类、商业类和交通运输类建筑占比基本没有明显的变化。

3.2.4　装配式围护行业产业发展情况

目前，蒸压加气混凝土板是装配式围护部品的主要应用材料。2022 年全行业共有蒸压加气混凝土生产企业 2078 家，与上年的 2070 家基本持平，如图 3-43 所示，产能达到 3.12 亿 m^3，较上年温和增长 2.3%。全行业生产企业中共有板材生产线 430 条。

2022年全行业产量出现了下滑，为1.68亿m^3，比上年下降12.5%，其中板材产量1220万m^3，与上年的680万m^3相比，上升了79.4%。板材逆势上涨，展现了我国发展绿色建筑和装配式建筑给加气混凝土行业带来的利好，也体现了加气混凝土发展主要依靠的是建筑业结构性调整，而非总量的增加，充分表明了加气混凝土在绿色建筑和装配式建筑中的重要作用。

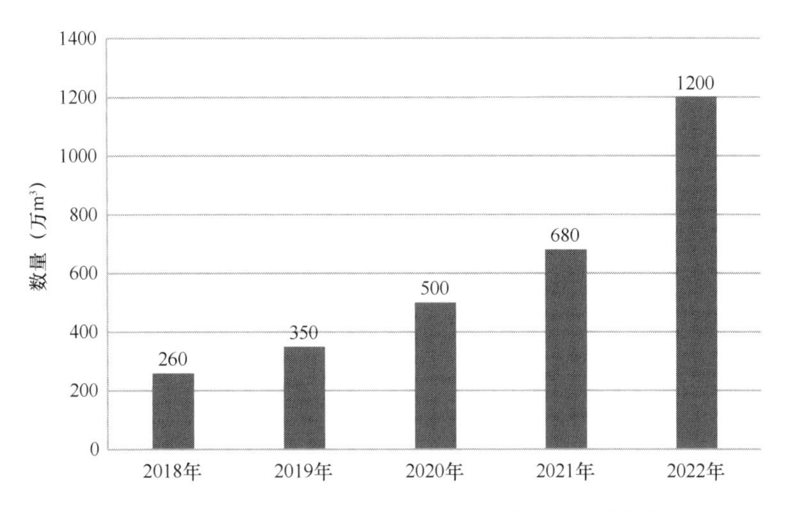

图3-43　2018—2022年全国蒸压加气混凝土板材产能情况

3.2.5　装配式装修行业产业发展情况

1. 行业发展情况

住房和城乡建设部公开的数据显示，2022年全国装配式装修新开工面积达11458万m^2。装配式装修与装配式建筑的发展紧密相关，近年来呈现稳定增长的趋势。装配式装修开工面积和装配式建筑开工面积与增速分别如图3-44所示和如图3-45所示。

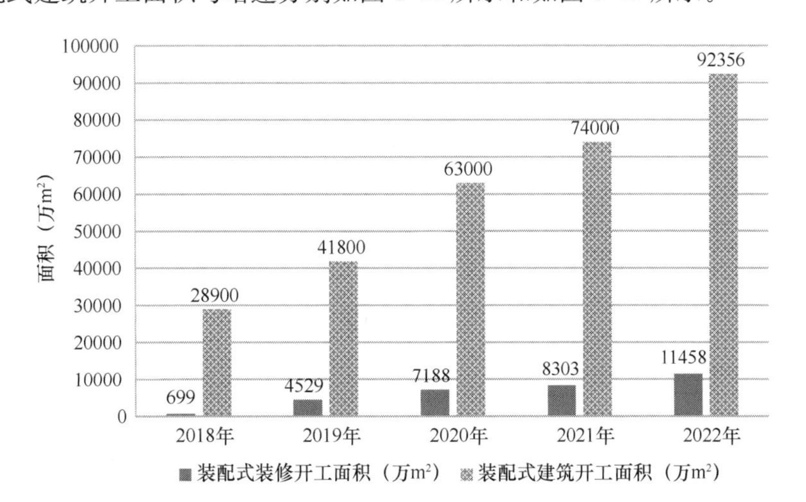

图3-44　2018—2022年全国装配式装修与装配式建筑开工面积

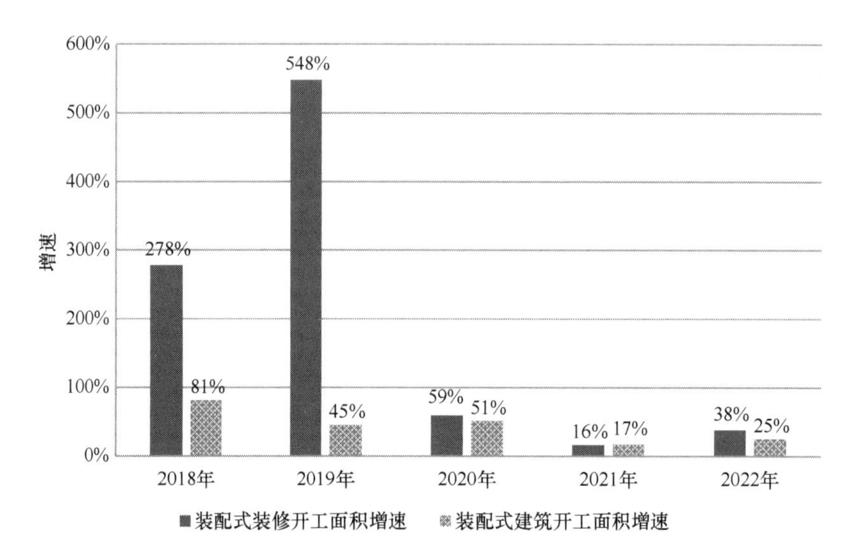

图3-45　2018—2022年装配式装修与装配式建筑面积增长对比

2. 未来展望

装配式装修相关标准规范相继被发布，为该行业的发展提供了必要的依据。2022年1月，住房和城乡建设部出台的《“十四五”建筑业发展规划》中要求积极推进装配化装修方式在商品住房项目中的应用，推广集成化、模块化建筑部品，促进装配式装修与装配式建筑深度融合。大力推广应用装配式建筑，积极推进高品质钢结构住宅建设，鼓励学校、医院等公共建筑优先采用装配式装修的工艺、工法进行施工。

装配式装修行业近年来关注度不断提高，有越来越多的年轻人投入这个行业。行业较之前更注重产品的升级，2022年装配式装修行业将一部分重心放在了低碳理念，对“双碳”的重视程度增加的同时也重视经济效益。装配式装修行业从理论转向实践，着重设计落地及推广的可行性。但仍存在地区发展不均衡，装配式装修部品成本较高的现象。

总体来说，装配式装修施工效率高及绿色环保的特性与城市发展建设的需求相符合，奠定了装配式装修在装配式建筑行业增量市场发展之中的重要地位。

3.2.6　装配式桥梁行业产业发展情况

1. 行业发展情况

交通基础设施建设投资是我国国民经济发展的支柱产业，近年来交通固定投资完成额和公路固定投资完成额逐年增长，保持着稳步提升态势，如图3-46所示。2022年交通固定投资完成额达到3.8545万亿元，新增铁路营业里程约4100km，新增公路桥梁约7.21万座。

到2022年年底，全国铁路营业总里程达到155000km，高速铁路营业里程达到42000km。2018—2022年我国铁路及高铁历年投产新线里程如图3-47所示，2022年铁路投产新线4100km，其中高速铁路2082km。近5年来，我国铁路建设始终保持较大的投资规模，高速铁路里程逐年增长，正从快速建设期向平稳发展期过渡。

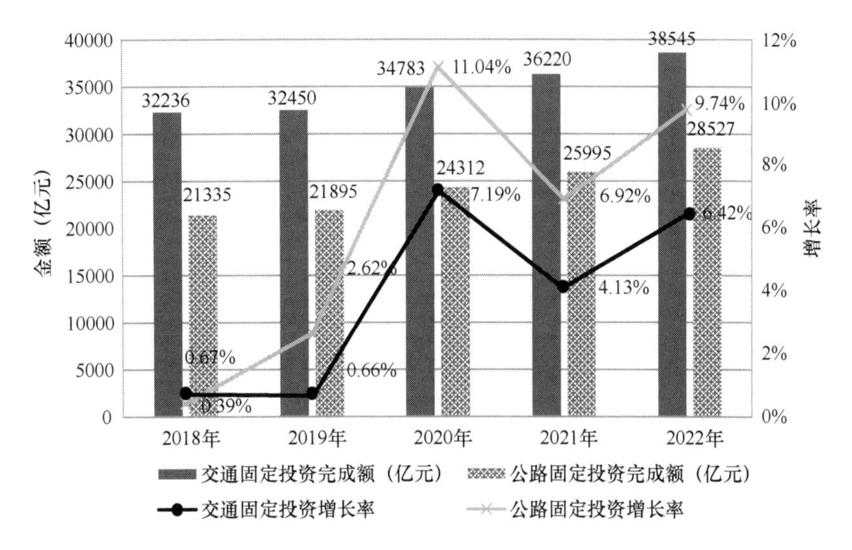

图 3-46　2018—2022 年我国交通、公路固定投资完成额及增长率

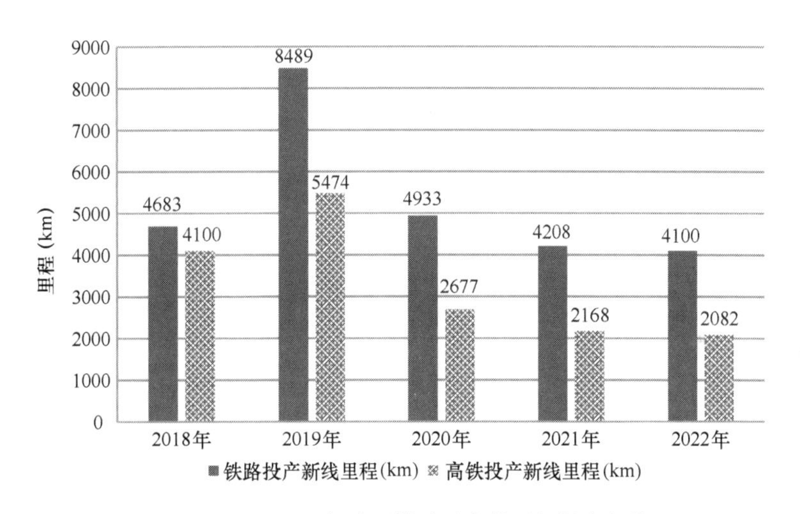

图 3-47　2018—2022 年我国铁路及高铁历年投产新线里程

近 5 年，公路桥梁数量保持着较快的增长速度，2022 年新增公路桥梁 7.21 万座，其中大桥和特大桥的年增长量逐年上涨，占全部桥梁增量的比例保持在 30% 以上，如图 3-48所示。

平稳快速的交通基础设施建设投资为装配式桥梁的发展提供了保障，随着高速铁路、公路桥梁建设的逐步推进，将持续对钢结构桥梁、装配式混凝土桥梁产生较大需求。

2. 存在问题和解决思路

近年来我国装配式桥梁的技术和产业发展迅速，在标准化结构原型设计、机械化快速施工、多样化连接形式等方面进行了大量的创新和应用，装配式桥梁技术得到了更广泛的工程应用，越来越多的地区在新建桥梁中应用了预制装配式上部结构、下部结构，并开始在实际工程中对桥梁全预制装配技术展开实践验证。但纵观装配式桥梁产业的发展历程，

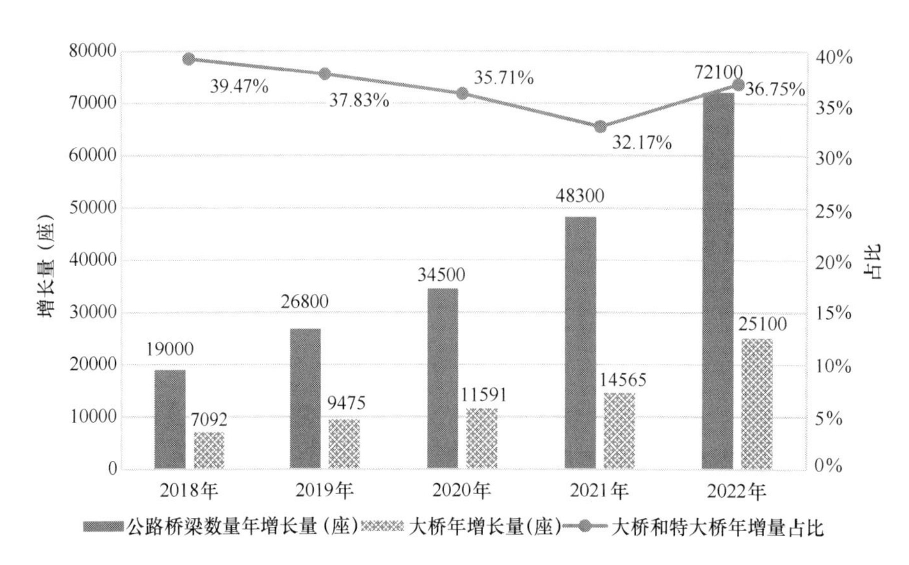

图 3-48　2018—2022 年我国公路桥梁数量年增长量、大桥和特大桥年增长量及占比情况

其中也存在着一些问题。从新增企业数量来看，近一两年来装配式桥梁产业呈现发展速度放缓的状况，在新的发展阶段，装配式桥梁产业开始从高速发展期转向高质量发展期。

要实现高质量发展，首先要坚持以科技创新为驱动力引领产业高质量发展，坚持走桥梁工业化建造与智能建造协同发展道路，进一步提高装配式桥梁生产和施工效率；其次要进一步促进装配式桥梁项目的设计施工一体化，以标准化设计保障工业化建造，不断完善标准技术体系，全面推进装配式桥梁设计、施工企业向结构体系产业化方向发展；最后要持续推动相关设计、施工企业的数字化转型，通过精细化管理实现各流程的降本增效，以产品的高品质、服务的高质量赢得市场，要进一步为装配式桥梁相关生产企业的规划建设、布局设计、发展路径提供科学有效的指导，促进相关企业和生产基地的有序发展，避免盲目扩张。

同时，在装配式桥梁技术方面，仍有以下几点需大力发展的研究方向：

（1）研发更加便捷的、基于性能的连接接头。为了进一步扩大装配式桥梁在高烈度地震区的应用，有必要研发能够在高烈度地震作用下保持良好延性和自复位能力的连接接头；为了提高施工和检测便利性，避免连接环节出现质量隐患，有必要研发具有大容错量的机械接头和可伸缩的连接产品；为了促进新材料和高性能材料的应用，有必要研发超高性能混凝土接头，实现混凝土与混凝土、混凝土与钢结构之间大容错量的连接。

（2）完善灌浆质量检测技术。目前，装配式桥梁结构中采用灌浆套筒连接形式在施工过程中常会出现灌浆不密实的情况，使用新兴检测技术和设备实现对于灌浆套筒灌浆后质量的检验检测，将会是后续装配式桥梁灌浆连接方面需要补足的短板。

（3）健全装配式桥梁评价体系和认证体系。评价体系可以规范桥梁工业化的发展方向，认证体系则守住了桥梁工业化产品的质量底线。随着装配式技术的发展和市场的爆发式增长，装配式桥梁产品及连接件的质量出现了参差不齐的情况，给工业化桥梁带来很多安全隐患，建立健全评价体系和认证体系可有效规范市场，推动技术健康发展。

3.2.7 装配式地下工程行业产业发展情况

1. 行业整体发展情况

盾构法隧道是最早应用预制装配技术的地下结构，发展至今已有150余年的历史。截至2022年年底，共有55个城市开通城市轨道交通运营线路308条，运营里程达10287.45km。其中，如图3-49所示，地铁运营线路8008.2km，占比77.84%。2022年，全年新增运营线路长度1080.63km，新增运营线路25条，新开既有线路的延伸段、后通段25段，新增运营线路长度与上年相比有所下降，但仍保持在1000km以上。2022年城轨交通完成客运量193.02亿人次，同比减少43.94亿人次，下降18.54%，继续受新冠疫情影响，2022年客运量介于2020年和2021年之间。由于有新线路开通及前一年线路客运量未完全统计等原因，部分城市实现客运量正增长。

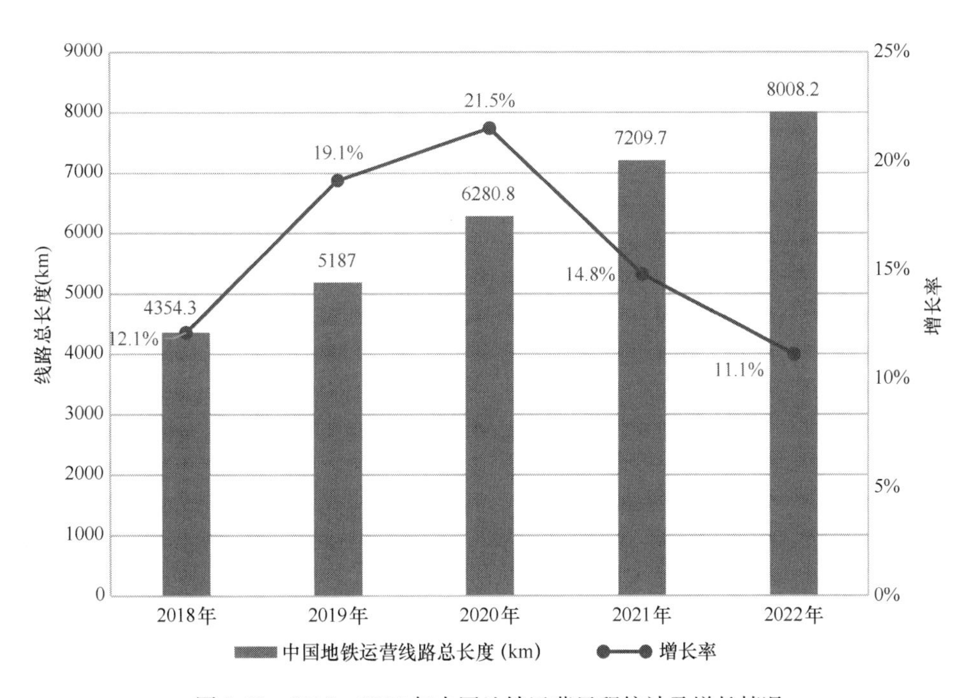

图3-49 2018—2022年中国地铁运营里程统计及增长情况

2022年，全国城市轨道交通平均每车每公里运营收入11.24元，同比减少3.07元，全国平均运营收支比为53.38%，同比下降15.56个百分点，总收入同比减少16.78%，其中票款收入同比减少17.54%。2022年全年共完成建设投资5443.97亿元，年度完成建设投资额同比略有下降，在建项目的可研批复投资累计46208.39亿元。截至2022年年底，我国共有51个城市有城市轨道交通项目在建，在建线路总规模6350.55km，其中地下线路5326.88km，占比83.88%，同比增加2.33个百分点。

2022年我国城市轨道交通运营线路规模迈进10000km大关，运营城市达到55个，城市轨道交通规模持续扩大。已投运城市轨道交通线路系统制式达9种，其中，地铁占比略有下降。预计“十四五”后三年城市轨道交通仍将处于比较稳定的快速发展期，根据现有数据推算，“十四五”末城市轨道交通运营线路将接近13000km，城市轨道交通运营规模持续扩大，在公共交通中发挥越来越明显的骨干作用。

地下综合管廊是指城市地下用于集中敷设电力、通信、广播电视、给水、排水、热力、燃气等市政管线的公共隧道，其建设一次性投资大，长期效益也大，具有多方面重要作用。中国地下综合管廊建设从2015年开始试点，截至2022年6月底，279个城市、104个县累计开工建设管廊项目1647个、长度5902km，形成廊体3997km。近期，住房和城乡建设部又初步梳理出两批重点项目清单，包括已完成开工前期准备的项目和部分在建项目，资金需求量超过2000亿元。中国已成为世界上城市地下综合管廊建设规模最大的国家。

2022年4月，全国首个全预制装配式地铁车站青岛地铁6号线可洛石站主体结构拼装顺利完成。其将有力推动地铁工程建造技术绿色转型发展，为地铁行业全面高质量发展贡献力量。截至2021年6月，国内已有长春、北京、济南、上海、广州、哈尔滨、青岛、深圳和无锡9个城市从不同角度开展了装配式车站建造技术研究及应用，已实施的车站近40座。

2. 试点情况

青岛地铁6号线有6座车站采用全预制装配技术建造，车站为地下2层单拱大跨结构，其基本上应用了长春的全预制装配技术，但在结构断面优化、内部结构装配及内支撑体系装配技术等方面有所创新。

上海市地铁15号线吴中路站为地下2层岛式站台车站，单拱大跨结构，该站拱顶采用叠合结构建造，利用预制构件替代大型且复杂的单拱大跨现浇结构模架体系。

广州地铁11号线上涌公园站为明挖地下3层岛式站台车站，矩形框架结构。该站顶板采用叠合结构，中楼板为预制装配结构，其他为现浇混凝土结构。该站还在站台板、轨顶风道和设备用房等方面采用了预制装配技术。

3. 发展存在的问题

综合管廊建设存在制度标准不够完善、规划建设缺乏统筹、部分管廊入廊率偏低、建设运维资金压力大等不少困难和问题。

装配式车站建造技术体系有待完善，结构体系和接头选型方面需要不断丰富并不断拓宽研究和应用范围以适应更多的工程应用场景。

装配式建造还存在建筑设计标准化水平较低、施工整体水平不高、缺乏建筑全生命周期思维以及信息化应用水平亟须提高等问题。

3.2.8 绿色建造行业产业发展情况

1. 行业整体发展情况

近年来，全国各地逐步加大城镇新建建筑中绿色建筑标准强制执行力度，全国省会以上城市保障性住房、政府投资公益性建筑、大型公共建筑逐步全面执行绿色建筑标准，北京、上海、浙江等地开始在城镇新建建筑中全面执行绿色建筑标准。2022 年 3 月 11 日，住房和城乡建设部发布的《“十四五”建筑节能与绿色建筑发展规划》中提出：到 2025 年，城镇新建建筑全面建成绿色建筑，建筑能源利用效率稳步提升，建筑用能结构逐步优化，建筑能耗和碳排放增长趋势得到有效控制，基本形成绿色、低碳、循环的建设发展方式，为城乡建设领域 2030 年前碳达峰奠定坚实基础。我国城镇绿色建筑占新建建筑的比重从 2012 年的 2％大幅提升至 2022 年的 90％，建筑节能占比 65％的节能目标已基本普及。北京、天津、上海、重庆、江苏、河北、山东、广西、福建等 10 多个省市已要求新建建筑全面执行绿色建筑标准。北京、上海等地还要求政府投资建筑和大型公共建筑执行二星级以上标准。江苏、浙江等 15 个省市印发《绿色建筑条例》等法规文件，为绿色建筑推动工作提供法律支撑。

截至 2021 年年底，全国累计建成绿色建筑 85.91 亿 m^2。全国新建绿色建筑面积从 2012 年的 400 万 m^2 增长到 2021 年的 20 多亿 m^2。2021 年，城镇新建绿色建筑面积占新建建筑面积的比例达 84％，获得绿色建筑标识项目累计达 2.5 万个。目前，全国共有 2134 个绿色建材产品获得认证标识，带动了相关产业的协同发展，也使建筑产业链拉长变宽。住房和城乡建设部最新数据显示，截至 2022 年上半年，中国新建绿色建筑面积占新建建筑面积的比例已经超过 90％。2018—2022 年城镇新建绿色建筑面积占新建建筑面积的比例如图 3-50 所示。

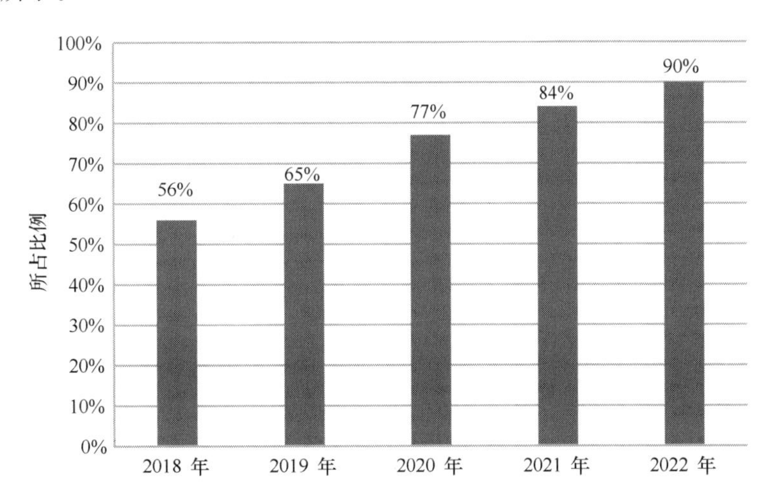

图 3-50 2018—2022 年城镇新建绿色建筑面积占新建建筑面积的比例

USGBC（美国绿色建筑委员会）近日公布 2022 年度全球十大 LEED（能源与环境设计认证）市场排名，表彰在健康可持续建筑设计、建造及运营方面取得卓著成绩的全球 LEED 绿色建筑市场（不含美国）。其中，中国以 1203 个认证项目、超过 1800 万 m^2 的认证面积问鼎榜首，实现连续 7 年位列全球除美国以外的 LEED 市场首位。

根据 USGBC 北亚区办公室最新发布的《中国 LEED 市场 2022 年度总结》，截至 2022

年年底，中国共有 9400 个 LEED 项目（包含已认证及认证中），总面积超过 3.9 亿 m^2，其中，获得 LEED 认证项目总数达 5415 个，总认证面积已近 1.6 亿 m^2。相较于 2021 年，2022 年全国新增 1688 个 LEED 注册项目，同比增长 17.3%；新增 LEED 认证项目同比增长 3.54%。

截至 2022 年，中国有超过 20 个项目注册了 LEED 净零体系，12 个项目获得了 LEED 净零认证，其中联合利华合肥物流园内的 4 个仓储物流中心是亚洲第一个获得 LEED 零碳、零能耗双认证的物流项目。嘉里建设集团打造了 5 个 LEED 净零废弃物办公楼，成为目前中国 LEED 净零项目的最大参与者。

根据相关研究，中国建筑节能协会发布的《中国建筑能耗与碳排放研究报告（2022年）》相关数据存在 2 年的滞后性，最新数据至 2020 年。2004—2020 年，中国建筑业建造能耗从接近 4 亿 tce 增长到 13.5 亿 tce。建材生产的能耗是建筑业建造能耗的最主要组成部分，其中钢铁和水泥的生产能耗占到建筑业建造总能耗的 70%以上。另外，根据《中国建筑能耗与碳排放研究报告（2022 年）》，2020 年我国建筑业能耗总量达 22.7 亿 tce，占全国能耗的 45.5%。

2. 发展存在的问题及解决思路

就目前而言，我国绿色建造发展过程中仍存在着一些问题，限制了建筑行业的可持续发展，具体如下。

1）地域分布不平衡

大部分绿色建筑评价标识项目主要集中在江苏、广东、山东、上海、天津、河北、浙江等经济发达的东部沿海地区，中西部等经济欠发达地区相对较少。

2）绿色建筑质量监管机制有待完善

对于强制执行绿色建筑标准的项目，缺乏从规划、设计、施工到竣工的质量监管。个别地方将绿色建筑标准的要求纳入了施工图审查要点，但由于缺乏规划环节的把控和竣工环节的验收，导致绿色质量难以保障。

3）增量成本的制约

绿色建筑使用了隔热性能好的门窗材料等新技术、新材料，从建筑的全寿命期看，绿色建筑投入产出比高于传统建筑，在其后期使用过程中，节水、节电、节能等方面体现出较大的优势，但在前期建造环节，房地产开发商往往不愿增加成本投入，甚至以次充好。

4）以市场为主导推动绿色建筑发展的长效机制尚未形成

绿色建筑的发展仍主要由政府推动，尚未建立充分发挥市场配置资源的决定性作用，无法调动企业参与绿色建筑发展的积极性，没有形成全面推进绿色建筑市场化发展的机制。针对以上存在的问题，有以下的解决思路。

（1）构建绿色建筑供需双侧统筹激励机制，调动多方市场主体积极性

考虑到绿色建筑的正外部性、政策驱动性以及供需双侧紧密结合的特征，政府应适当介入进行正向引导，构建包含供需双侧、多阶段、多强度、多目标的绿色建筑激励机制，

优化资源的有效配置，使建设方与消费者能够主观接受绿色建筑，促进绿色建造健康稳定发展。

(2) 加强绿色建筑技术创新，推进技术研发推广应用

各省因地制宜推广绿色建筑应用技术，探索绿色建造与绿色建材、装配式建筑、海绵城市、近零能耗、智能信息等技术的融合发展，加强技术研发推广，加大绿色技术研发投入。加快推广绿色建材的认证、试点，适时建立绿色建材采信系统，在城镇化建设中逐步提升绿色建材的使用比例。

(3) 推动绿色建筑向新建与既有并重转变，扩大绿色建筑规模

对既有建筑的能效进行提升，尽快制定建筑运行阶段能耗和碳排放限额标准并加以推广，探索公共建筑能耗和碳排放超限额差别电价机制。建立适合建筑领域的碳排放权交易机制和绿色金融政策，加快绿色金融机构信贷资金和碳金融、碳交易等市场化改造，拓宽融资渠道。

(4) 加强绿色建筑全流程管控，推进绿色建筑高质量发展

建立健全绿色建造全过程监管的制度体系，落实工程建设过程中各方主体责任，编制绿色建筑工程施工验收、检验标准。建立绿色住宅使用者监督、评价和反馈机制，建立绿色建筑动态管理机制，对不符合绿色建筑标准的项目给予限期整改或撤销绿色建筑标识的处罚。

3.2.9 智能建造行业产业发展情况

智能建造是国家推进建筑高质量发展的重要举措，也是建筑业发展的大势所趋。建筑业正朝着从数量取胜到质量取胜、从粗放式经营到精细化管理、从经济效益优先到绿色发展优先、从要素驱动到创新驱动的四条智能建造之路转变。

提升工程品质是满足人们对美观性和功能性要求的关键要素，而智能建造是加速工程品质提升的重要方法。通过改变传统作业形态，建筑业正在探索如何运用建筑机器人替代人工作业，以应对人员老龄化和以人为本的理念，这已成为建筑业寻求发展的共识。

同时，提升工作效率也是智能建造的目标之一。缺乏全过程、全专业、全参与方和全要素协同的实施管控，以及便捷、实用的高效机器人施工，使得建筑业在工作效率方面存在挑战，为了实现零距离的管控，建筑业需要借助于物联网和大数据建设，并建立便捷的管控平台。通过充分发挥信息化共享的优势，建筑业能够实现零距离全流程实时的项目管控，从而提高效率和质量。

智能建造在推动建筑业高质量发展方面具有重要意义。它可以提升工程品质、改变作业形态、提高工作效率，并实现零距离管控，为建筑业的可持续发展和创新驱动提供支持。

2023年4月，教育部发布《2022年度普通高等学校本科专业备案和审批结果的通知》，新增备案专业1641个、审批专业176个，调整学位授予门类或修业年限专业点62

个。其中，“智能建造”相关本科专业新增备案高校数量 38 所。

值得一提的是，除智能建造专业外，2022 年还有智能建造与智慧交通、人工智能等交叉专业的新增，其中人工智能专业增加数量最多，为 95 个，其次为智能制造工程（53 个）、大数据管理与应用（42 个）、数字经济（41 个），如图 3-51 所示。大量细分专业的新增为智能建造行业提供了科研中试、理论认证、产业孵化的基础。

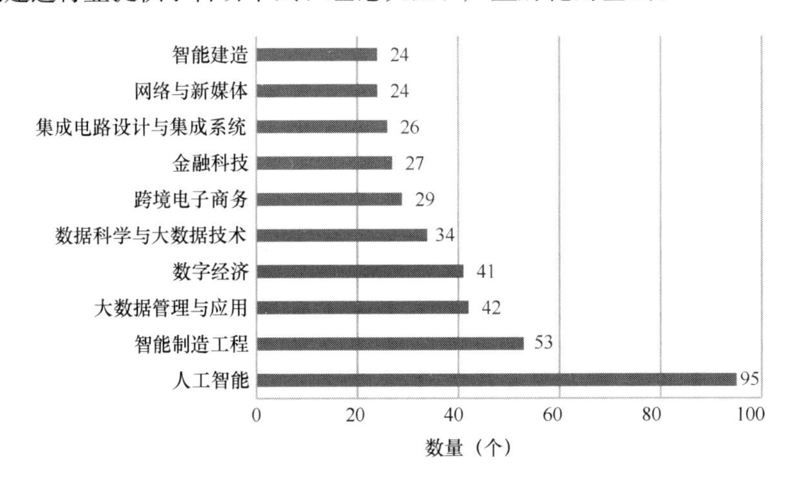

图 3-51　2022 年新增专业名单（前 10）

目前，智能建造技术已用于不同阶段的建筑项目中，从设计阶段的 BIM 技术到施工阶段的物联网技术、3D 打印技术和人工智能技术，再到运维阶段的云计算技术和大数据技术。然而，随着智能建造技术的深入发展，新一代信息技术的涌现、突破和应用落地的增多使得智能建造技术的应用变得更加精细化与复杂。

为了实现规范化、体系化应用普及，需标准化地应用，这就意味着智能建造技术需要融合应用对口行业技术，将不同的技术有机地结合在一起，形成综合解决方案。通过交叉融合的方式，可以最大程度地发挥各项技术的优势，并解决建筑行业面临的挑战，多种技术的融合应用将会成为今后智能建造技术在建筑行业应用的重点。

以人工智能为例，根据国家统计局数据，2022 年，以人工智能、大数据、区块链等新兴技术为主的，规模以上高技术制造业增加值比上年增长 7.4%，高技术产业投资增长 18.9%，随着技术的不断成熟，高技术产业将会面向建筑业辐射覆盖，或可进一步激发存量市场的潜力。

在这三个技术类别中，人工智能硬件和服务支出增长更快，人工智能软件支出份额 2022 年略有下降，这一趋势将持续到 2023 年。总体而言，人工智能服务预计在未来五年内实现最快的支出增长，年复合增长率（CAGR）为 22%，而人工智能硬件年复合增长率为 20.5%。

人工智能在智能建造中有相当多的结合应用点，2022 年介绍了万科的 AI 审图，随着今年人工智能的迅速崛起，诞生了一批使用人工智能——ChatGPT 在 CAD 中绘制的探索者，在 GPT4 开放网络和插件的趋势下，属于建筑业的人工智能正在悄然崛起。那么人工智能可以用在建筑领域的立足点有哪些呢？

在建筑的设计施工阶段，人工智能可以通过深度学习和模型优化算法，帮助设计师实现建筑方案的优化。AI 可以分析大量的设计数据和规范要求，并提供基于性能和可持续性的最佳设计方案，从而提高建筑设计的质量和效率。

在建筑的操作阶段，通过 AI＋物联网技术能够实现建筑数据的共享，并且还可以通过监测数据，对现场的施工情况进行及时了解，优化现场的管理条件。

建筑检查阶段，AI 可以利用大数据以及智能监测等方式，对施工阶段的数据进行核对，纠正错误。

建筑运维阶段，结合人工智能的分析和预测能力，可以提前发现设备故障和异常，并进行智能化的维护调度，有助于降低维护成本，延长设备寿命，并提高设备的可靠性和性能。

此外，还有建筑机器人、互联网技术、物联网技术、大数据技术、云计算技术、移动通信技术、区块链技术等领域能与智能建造的应用结合，各大厂嗅探到智能建造行业的发展前景，也纷纷布局入驻智能建造业，如图 3-52 所示。新的技术条件下，建筑行业仍有许多机遇和潜力，这将推动建筑行业向智能化、可持续发展的方向迈进，并为未来的建筑创新和发展开辟新的道路。

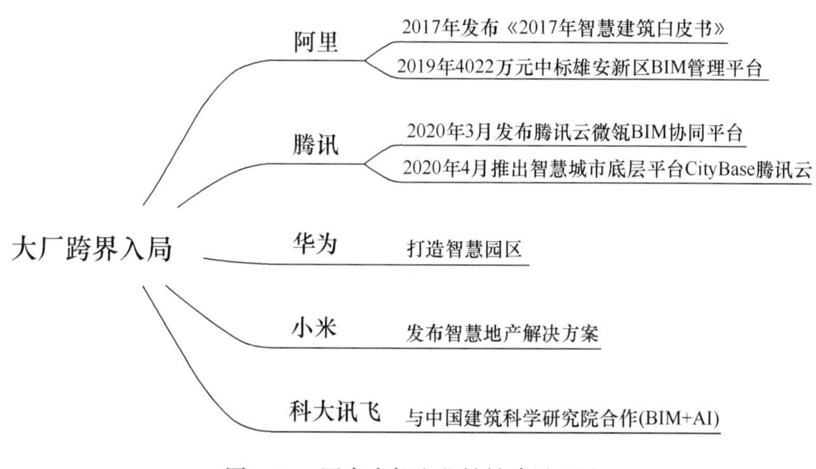

图 3-52　国内头部企业纷纷跨界入局

智能建造行业面临着一系列挑战和难题，其中涉及技术、标准化和人才等方面。那么有哪些面临的问题和挑战呢？

技术难题：智能建造行业需要结合复杂的专业技术，例如人工智能、物联网、大数据分析、机械智能化等技术的应用和集成。同时，还需要解决不同专业技术之间的互操作性和数据共享的问题。为应对这些挑战，行业需要推动技术创新，加强研发合作，建立开放的技术沟通平台，让数据可以交流和共享。

标准化需求：智能建造行业需要制定统一的标准和规范，以确保不同智能建造系统和设备的互操作性和兼容性。根据历年的调研，虽然智能建造的标准大多集中在BIM领域，但随着智能建造各细分赛道的逐步建成，我们也惊喜地看到如《智能井盖》GB/T 41401—2022这一国家标准的落地，促进了智能建造技术的广泛应用，提高了行业的质量和安全水平，行业应积极参与标准化工作，与相关机构合作制定行业标准，推动标准化进程的顺利进行。

人才缺口：智能建造行业对于高素质、跨领域的人才需求很大，但目前人才供给和市场需求之间存在差距。解决人才缺口的关键是加强人才培养和引进。国家通过设立相关专业课程，目前已有106所开设有智能建造专业的学校（不含智能建造与交通运输专业），加强学术机构与行业的合作，培养出具备智能建造技术和管理能力的专业人才。同时，吸引优秀跨专业人才加入智能建造行业，提供良好的职业发展和创新平台。

展望未来，智能建造行业将成为建筑业高度共识的发展方向并取得重要进展。重点领域包括以下方面。

新兴技术应用：随着人工智能、物联网、虚拟现实等新兴技术的快速发展，智能建造将更加注重这些技术在设计、施工和运维等环节的应用，提升建筑项目的效率、质量和可持续性。

市场趋势：随着智能建造技术的成熟和市场需求的增长，智能建造行业将逐渐从规模化示范项目向商业化应用和市场化推广转变。同时，智能建造行业还将与低碳、节能和可持续发展共进，推动绿色建筑和可再生能源的应用。

可持续发展：智能建造行业将更加注重可持续发展，包括建筑材料的环保性、能源的节约利用和建筑生命周期的全面管理。行业将致力于推动建筑行业向绿色、低碳和可持续发展的方向迈进。

智能建造行业在面临挑战的同时也蕴含着巨大的发展潜力。通过技术创新、合作模式和政策支持，智能建造行业将为建筑行业带来革命性的变化，推动建筑行业向智能化、高效和可持续发展的方向迈进。展望未来，智能建造行业将成为建筑行业的重要支柱，并为实现智慧城市和可持续发展目标作出积极贡献。

第4章 建筑工业化项目总体情况

本章对装配式建筑、装配式桥梁及装配式地下项目近年的建设情况进行分析。其中，装配式建筑主要以瑞达恒工程信息招采平台（以下简称“瑞达恒”）的检索信息为依据，进行了新开工面积、新开工项目数量以及项目投资金额的统计分析。装配式桥梁及装配式地下项目部分列出了近年采取装配式建造技术的具体项目名称。最后，本章针对各项目类型详细介绍了具有代表性的典型项目，为读者提供更直观的装配式建筑相关信息。

4.1 装配式建筑项目总体情况

4.1.1 钢结构装配式建筑项目总体情况

在瑞达恒搜索2022年开工的钢结构项目情况，共有1407项。按照各省、自治区、直辖市开工的钢结构装配式项目数量分析，排名前三的是浙江、上海、江苏，如图4-1所示。按照项目投资额来看，名列前茅的仍是浙江、上海、江苏三地，如图4-2所示。

按涉及的建筑类型将项目分为工业、商业、住宅、公共和基建五类钢结构装配式项目。如图4-3所示，从2022年开工钢结构装配式项目类型分布情况中可以看出，涉及商业建筑与工业建筑的项目占比最多，涉及公共建筑的项目占比紧随其后，基础设施类项目较少。

2022年新开工的钢结构项目为1407项，相较2021年新开工项目数量多出176项。从项目类型分布上看，工业项目比例上升，基础设施与商业建筑比例持平，公共建筑与住宅建筑比例下降。

4.1.2 装配式混凝土建筑项目总体情况

建筑业的发展离不开经济基础的支撑，在政策支持推动之下，装配式建筑产业得到良好发展，住宅房地产是我国重要的经济支柱之一，故而在装配式建筑项目中，装配式住宅项目占比最多，2018—2022年，占比可达70%以上，如图4-4所示。据不完全统计，2022年装配式混凝土建筑项目数量高达11550个，其中住宅项目数量为8918个，占比可达77.21%。相信在政策的引领和市场的推动下，装配式建筑会越来越普及，体系会越来越完善。

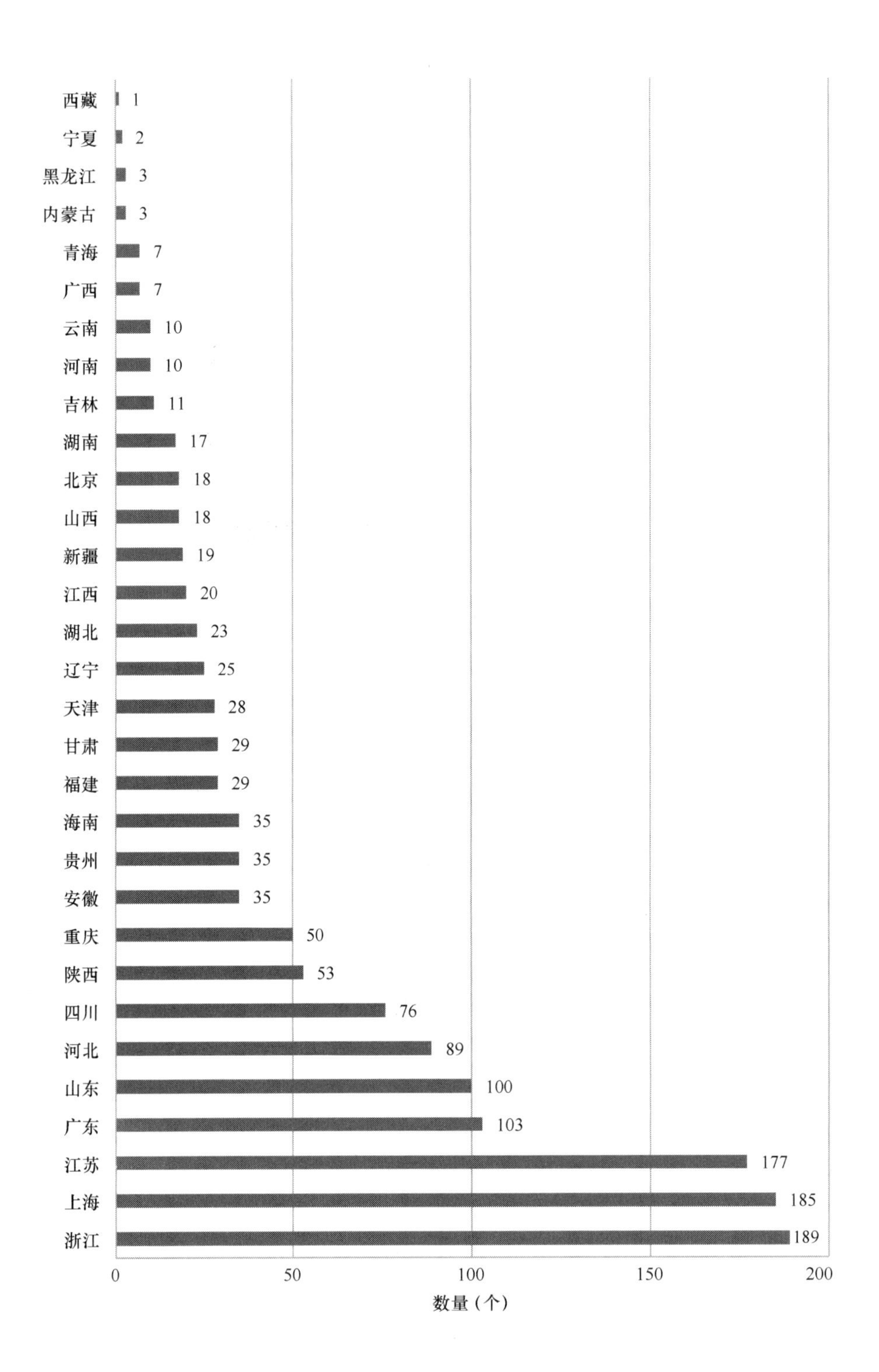

图 4-1　2022 年钢结构装配式项目开工数量

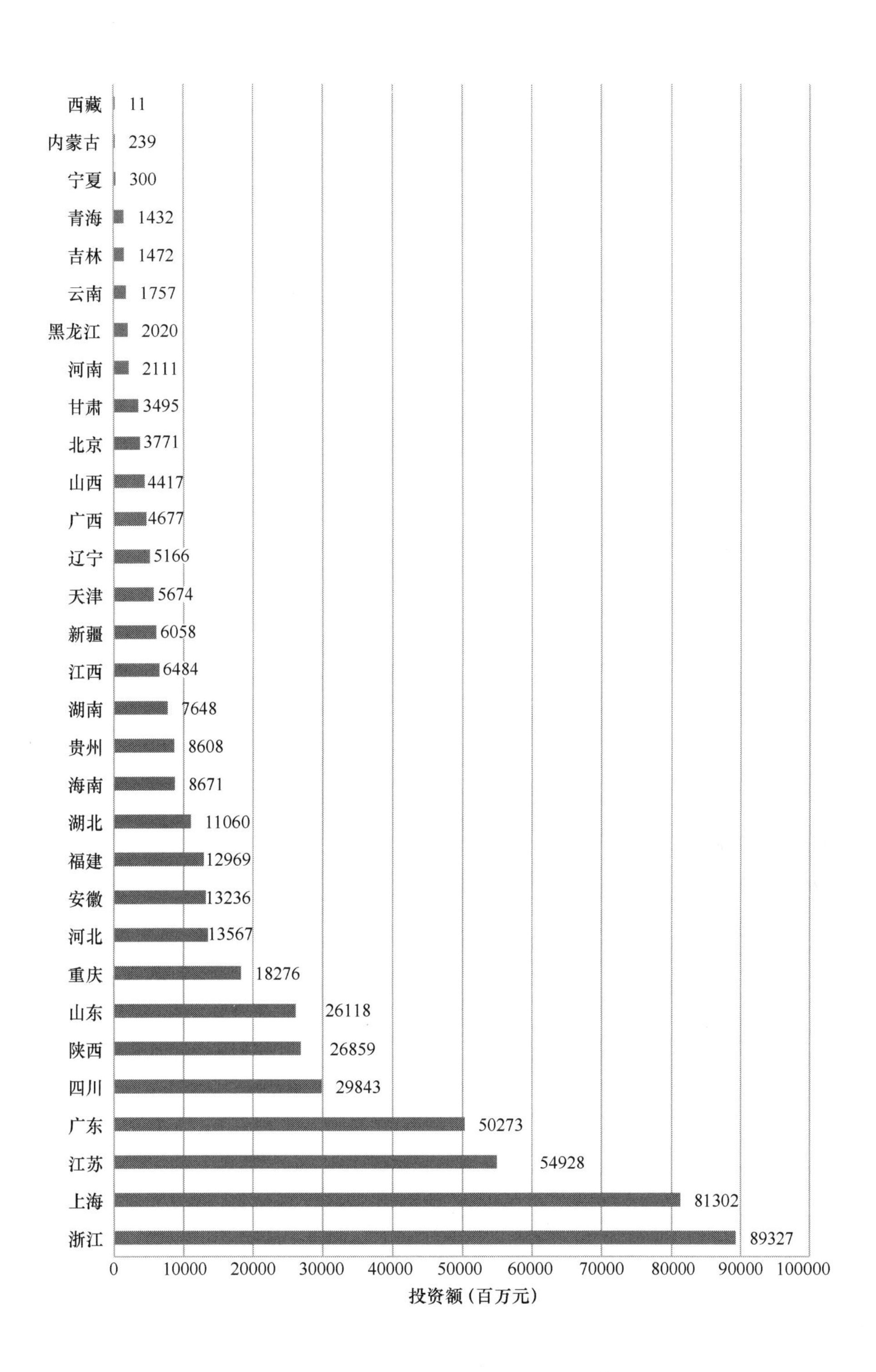

图 4-2　2022 年钢结构装配式项目投资额

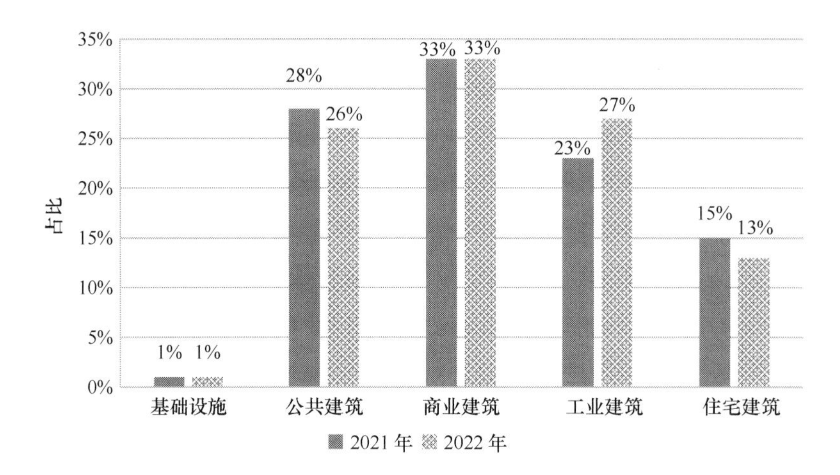

图4-3　2021、2022年新开工钢结构装配式项目类型分布情况对比

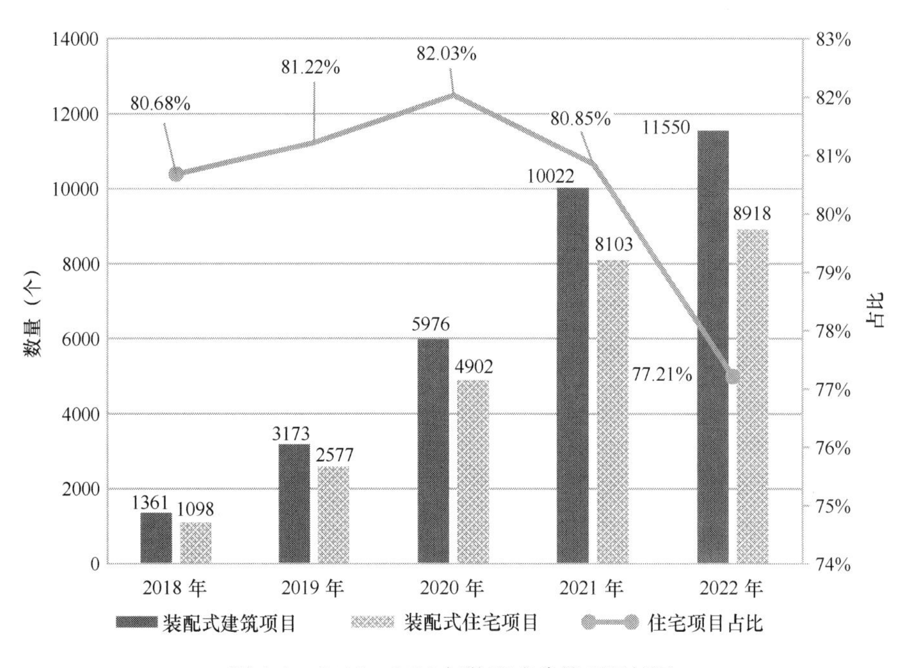

图4-4　2018—2022年装配式建筑项目情况

4.1.3　木结构装配式建筑项目总体情况

据统计，2022年新开工的木结构建筑项目总数为57个，各地的分布情况如图4-5所示。可见，2022年新开工的木结构建筑项目四川和浙江最多，其次是贵州、河南、广东、湖北等地。

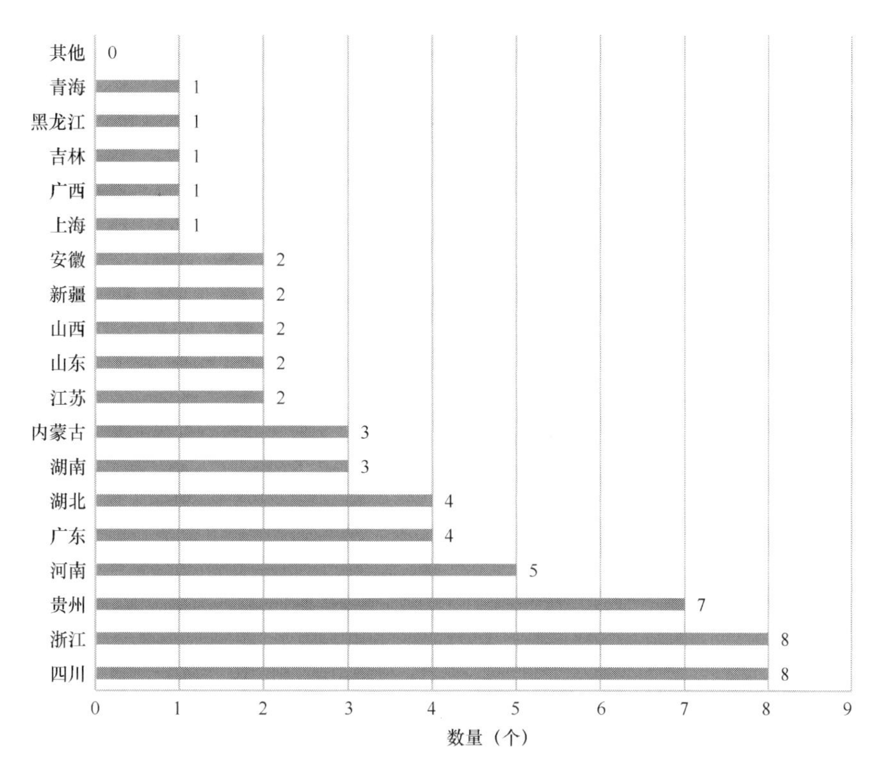

图 4-5　2022 年全国木结构项目中标数量各地分布情况

4.1.4　绿色建造项目总体情况

在瑞达恒搜索 2022 年开工的绿色建造项目情况，共有 109 个，总项目投资额近 354 亿元，总面积 167 万 m^2。2018—2022 年的绿色建造项目数量、投资额如图 4-6、图 4-7 所示。

按照各省、自治区、直辖市开工的绿色建造项目数量分析，2022 年排名前三的是江苏、重庆、广西，如图 4-8 所示。按照项目投资额来看，2022 年前三名是江苏、山东、重庆三地，如图 4-9 所示。

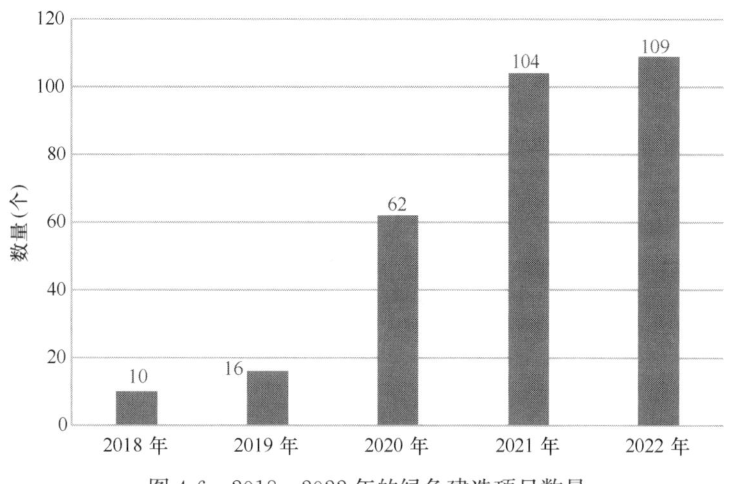

图 4-6　2018—2022 年的绿色建造项目数量

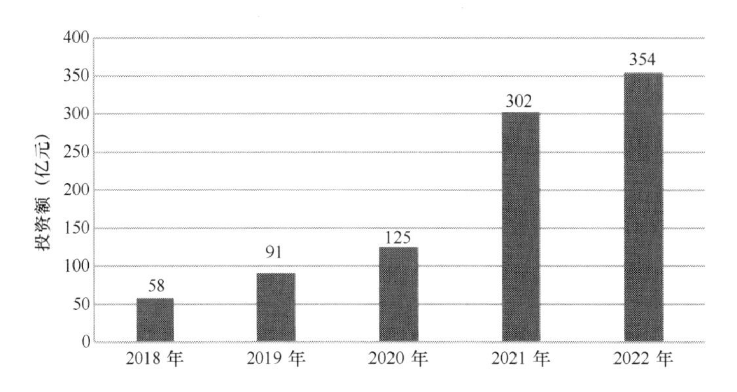

图4-7 2018—2022年的绿色建造项目投资额

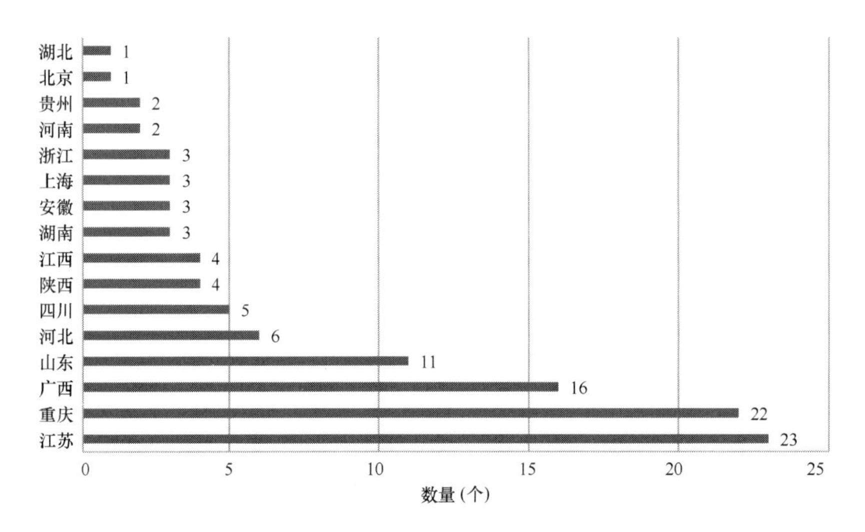

图4-8 2022年开工绿色建造项目数量

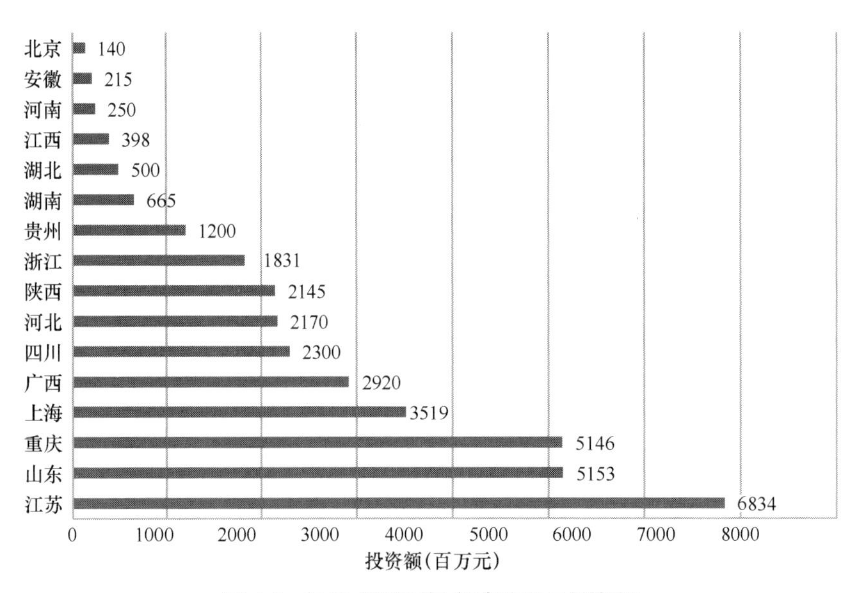

图4-9 2022年开工绿色建造项目投资额

4.2　装配式桥梁项目总体情况

截至 2022 年，国内已建和在建工程中采用预制装配技术的桥梁总里程达到约 560km，2022 年新增采用预制装配技术的桥梁总里程约 200km。2021—2022 年间国内新增的采用预制装配技术的桥梁工程项目见表 4-1，应用的预制装配技术包括预制装配 T 梁、预制箱梁、预制盖梁、预制墩柱等，各类预制装配技术呈现全面发展和应用态势，全预制装配技术开始在工程项目上展开实践。与上一年度相比，项目所在地区分布更加广泛，除了东部、中部和西部经济发展较快的大中城市，各省份的二、三线城市高架项目和重点高速公路工程项目也开始应用预制装配技术。

2021—2022 年国内采用预制装配桥梁技术的桥梁工程项目统计　　表 4-1

序号	地区	项目名称	预制装配技术	里程（km）	状态
1	江苏	宿迁市迎宾大道二期快速化改造工程	全预制装配	10	建成
2	重庆	渝遂复线高速小安溪河特大桥	预制装配 T 梁	3.6	在建
3	北京	京雄高速公路（北京段）	预制箱梁	27	在建
4	广西	上林至横县公路一期工程	预制箱梁	5.2	在建
5	浙江	金丽温高速公路东延线项目	全预制装配	14.7	在建
6	河南	省道 539 道路改建工程伊洛河特大桥	预制箱梁	1.4	建成
7	大湾区	深中通道 S07 合同段	预制箱梁	9.3	在建
8	福建	翔安大桥（厦门第二东通道）主线	全预制装配	12.4	建成
9	河南	沿太行山高速公路西延项目	预制装配 T 梁、箱梁	8.2	在建
10	大湾区	从埔高速流溪河特大桥	预制箱梁	2.3	在建
11	浙江、安徽	黄千高速	预制箱梁	—	在建
12	广东	雄信高速	预制箱梁	7.3	在建
13	深圳	深圳盐港东立交工程桥梁	全预制装配	0.7	建成
14	广东	南中高速	预制上部结构	32.4	在建
15	安徽	S313 淮河特大桥项目	预制箱梁	2	建成
16	山西	黎霍高速白玉河 1 号大桥	预制盖梁、梁板	0.5	建成
17	广东	东晓南路—广州南站连接线南段工程	全预制装配	5.15	在建
18	云南	云南勐绿高速公路	预制梁板	8	在建
19	山东	淄博快速路项目	全预制装配	5.7	在建
20	湖南	衡永高速公路项目	预制箱梁	5.7	在建
21	天津	天津生态城航海道匝道桥工程	全预制装配	1.2	建成
22	湖南	常祁高速	预制箱梁	—	建成
23	上海	S3 公路（周邓公路—G1503 公路两港大道立交）	全预制装配	26.6	在建

4.3 装配式地下工程项目总体情况

4.3.1 装配式公路隧道

《中国隧道建设行业现状深度调研与未来投资研究报告》显示，2018—2021年中国公路隧道数量呈逐年增长趋势，2021年中国公路隧道数量23268处；2018年以来，中国公路隧道长度呈直线上升趋势，至2021年中国公路隧道长度2469.9万延米，如图4-10所示。

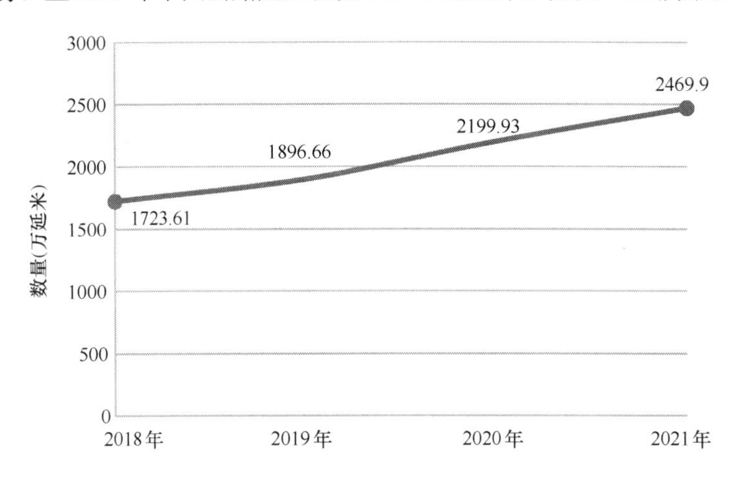

图4-10 2018—2021年中国公路隧道长度情况

4.3.2 装配式综合管廊

2015年我国公布了第一批地下综合管廊试点城市名单：包头、沈阳、哈尔滨、苏州、厦门、十堰、长沙、海口、六盘水、白银。2016年公布了第二批地下综合管廊试点城市名单：郑州、广州、石家庄、四平、青岛、威海、杭州、保山、南宁、银川、平潭、景德镇、成都、合肥、海东。

2022年第二批试点城市建设情况如表4-2所示。

第二批综合管廊试点城市建设情况　　表4-2

城市	建设情况
广州	2016年11月，广州利用BIM技术，投资金额超60亿元的管廊开建，根据环评报告，该项目于2022年年底完工。该项目位于广州市中心城区，线路总长约48km

试点城市外其他地区的综合管廊2022年建设情况，如表4-3所示。

试点外其他地区综合管廊建设情况　　表4-3

地区	建设情况
南京	南京江北新区综合管廊二期工程里程达53.41km，涵盖江北新区核心区及其周边地区18条道路，2021年已全面贯通

续表

地区	建设情况
雄安新区	雄安新区地下综合管廊是世界目前在建的规模最大的综合管廊网，采用预制装配方法建设。截至 2022 年年底，雄安新区已建成地下综合管廊 136km，投运里程 92.4km
重庆	巴南区地下综合管廊工程是重庆首条装配式地下综合管廊，位于龙洲湾 B 区和高职城片区，起点位于海洋公园南侧，沿一纵路、燕尾山路、横十路和教育大道敷设，止于尚文大道尾端，全长 10.12km，2022 年年底建成投用

4.3.3　装配式地铁车站

装配式地下建筑以地铁车站最为常见，2022 年国内已建和在建装配式地铁车站初步统计如表 4-4 所示。自长春地铁首座装配式车站建设以来，在北京、上海、济南、广州等地区都进行了地铁车站的装配化建设，以全预制装配和叠合装配为主。

国内已建和在建装配式地铁车站初步统计[11]　　　**表 4-4**

线路	站名	建设时间	装配形式	备注
无锡地铁 5 号线、锡澄 S1 号线	新芳路站、南门站等 3 座车站	2022 年起	叠合装配式	在建

4.3.4　装配式地下水厂

近年来，地下水厂项目极大地减小了对周边环境的影响，大幅度提高了城市土地利用效率，实现了与周围环境的和谐共处，取得了良好的社会效应，为污水处理提供了新的建设模式。随着建设施工技术的提高以及装配化建设的需求，地下水厂的建设也逐渐向全装配化方向发展。如表 4-5 所示。

国内已建和在建装配式地下水厂统计　　　**表 4-5**

工程名称	地区	建设时间	备注
上海竹园污水处理厂	上海	2022 年起	主体结构完成

4.4　典型项目简介

4.4.1　钢结构装配式建筑典型项目介绍

唐山丰润区新城社区党群服务中心项目如图 4-11 所示，是一个在原有单层建筑基础上加建一层的办公室/会议室项目。该项目采用了模块化建造技术，其中建筑结构体系选用了世拓钢结构模块化体系。这一体系采用全栓接的钢结构模块体系，预制率高达 87%。

其在工厂中完成的所有模块箱体的结构和建筑装饰部分，钢材采用 Q235B H 型钢及方管钢，基础部分采用预制独立基础及预制连系梁底座尺寸为 1m×0.7m，加筋尺寸为直

图 4-11　唐山丰润区新城社区党群服务中心项目

径 8mm，配筋间距为 200mm。

在相同的结构性能条件下，该项目的钢结构模块化装配式体系采用了开口型钢，使得整体建筑的用钢量在性能达标的前提下减少了约 30%。该项目的钢材用量为 46kg/m²，这一节约方案为环保建筑项目的可持续发展打下了良好的基础。

4.4.2　装配式混凝土建筑典型项目介绍

如图 4-12 所示，项目位于福建省厦门市海沧区，长园路南侧，建港路北侧，是年产 40000t 锂离子电池材料产业化项目，总用地面积 204034m²，总建筑面积 366007m²。采用装配式方式建造的建筑包括 1 号质检楼，3、6 号生产车间，10 号维修车间，14 号综合

图 4-12　年产 40000t 锂离子电池材料产业化项目

楼，15、16、17、18 号倒班宿舍等，抗震设防烈度为 7 度，为标准设防类建筑。

项目设计阶段使用 BIM 进行智能设计与协同调整，在施工阶段运用免撑免模装配式技术体系，该体系的落地，避免了模板支撑的搭设及拆除，缩短了施工工期。除在构件交接的节点核心区局部使用现场模板外，其他区域不再使用模板，减少了施工临时设施的材料使用，符合减碳、节材、环保的要求。项目观感质量良好，创造了良好的社会效益。

该项目被评为福建省首批装配式建筑典型工程案例，其使用的装配式建筑预制梁板免撑免模施工工法为福建省内首创，被认定为福建省省级工法。

4.4.3　木结构装配式建筑典型项目介绍

图 4-13 所示为西塘古镇市集美术馆，总建筑面积 2500m^2，高度约 12.5m，结构系统：一层为 Y 形柱支撑折梁钢框架；二层为 X 形胶合木柱支撑，X 形胶合木互承式屋盖。从一层平面到二层平面的结构过渡是理解美术馆整体结构的起始点。

图 4-13　西塘古镇市集美术馆

一层空间的每个波折桁架在其顶部的下凹空间里放置空调及其他设备管线，柱子的截面自上往下缩小，构成 Y 形，如图 4-14（a）所示，意图在视觉上尽可能营造纤细的效果，并通过铰接连至地面。如此一来，这些柱顶的三角形桁架令二楼荷载主要沿建筑的长向（即东西走向）来传递，进而可以在长向上将跨度做大，同时也令柱子布置变得更为灵活，使一层平面能够不出现规整柱网，从而形成更灵活的使用空间。一层平面的 Y 形柱子在顶部承载波形钢板，如图 4-14（b）所示，构成二层平面的一大片平整楼板，以此将一层平面的大柱距转换到二层平面的小柱距。

在二楼外立面环绕一圈的是竖向支撑的结构体，采用 X 形木质交叉柱作为结构单元。

(a)

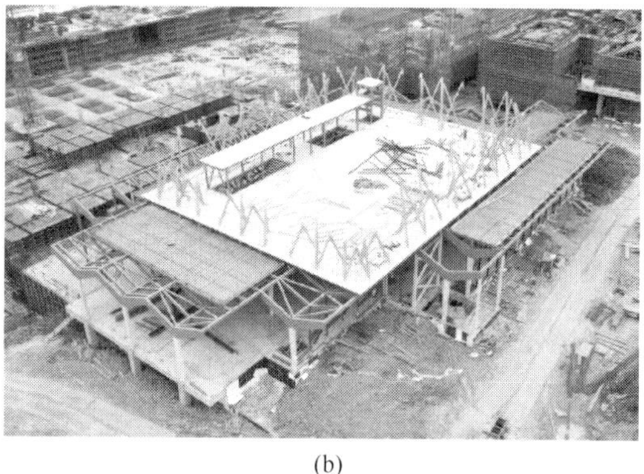
(b)

图 4-14　一层平面到二层平面的结构过渡

（a）Y形柱支撑；（b）大柱距与小柱距转换

每个结构单元都将木杆件的截面尺寸控制为 160mm×160mm，这个尺寸能够实现整个二楼外立面在视觉上的杆件纤细效果。钢板连接件以螺栓贯穿的方式将四根木头结合成一个完整的竖向支撑结构单元，该做法能比木头榫卯相嵌获得更大的强度。这种钢木连接方法既增强了整体结构的刚度，也为倾斜的玻璃幕墙提供了抗水平力的结构帮助。微微弧起的形态令胶合木梁的开榫形状变得复杂，材料商和施工队借助机械臂在工厂里完成高效加工，再在现场依靠有经验的木工师傅来拼装。如图 4-15 所示。

(a)　(b)

(c)

图 4-15　西塘古镇市集美术馆结构安装

（a）Y形柱吊装；（b）X形胶合木柱安装；（c）胶合木梁拼装

4.4.4　装配式装修典型项目介绍

苏州梅花园项目位于苏州市相城区，如图 4-16 所示，其主体是一栋 500m^2 的两层苏式别墅，采用装配式装修 15d 打造完成（从毛坯房到拎包入住），包含装配式墙面系统、装配式吊顶系统、装配式集成配电配水系统、装配式卫浴系统、装配式厨房系统等。从绿色设计、绿色建材、绿色生产、绿色装配到绿色交付全过程实行精细化管理，实现了“像造汽车一样建房子”及建筑碳排放全生命周期溯源。

图 4-16　梅花园项目落地实景图

该项目采用装配式装修技术，从设计阶段开始制订了一套详细的装修方案，设计定制了各种模块化构件，包括墙板、顶棚及部分家具等。如图 4-17 所示，该项目构件在工厂中预制和组装，并进行质量控制检查，确保每个构件都符合高标准的要求。该项目预制构件为金属材质，具有可持续性的优势，可重复使用。

图 4-17　构件工厂预制现场

如图 4-18 所示，工厂预制完成后，施工团队开始在现场进行装配，遵循预定的顺序和技术规范，将预制的模块化构件快速地安装在建筑结构中。在装配过程中，各种系统和设备也得到了集成，如电气和管道系统在模块化构件中预留了空间和通道，使安装过程更加简化，提高了施工效率。

图 4-18　项目安装施工现场

4.4.5　桥梁工程典型项目介绍

图 4-19、图 4-20 所示为上海 S3 公路（周邓公路—G1503 两港大道立交），为预制装配桥梁典型工程项目。S3 公路作为上海市高速路网及沿海大通道的重要组成部分，是上

图 4-19　上海 S3 公路高架桥设计效果图

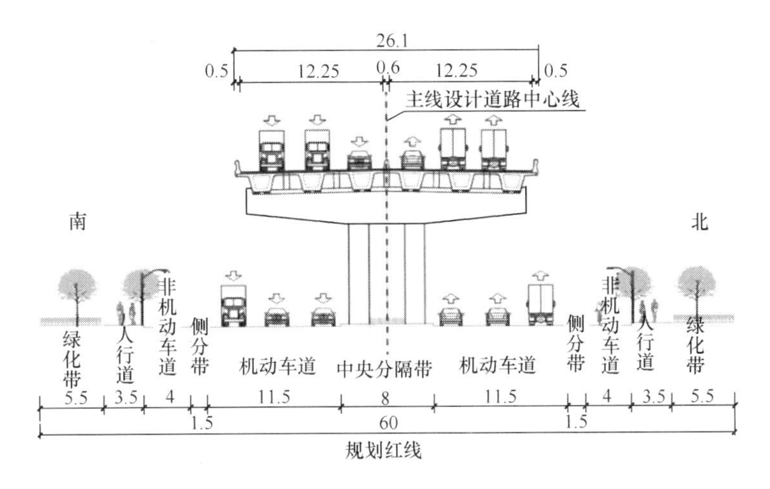

图 4-20　上海 S3 公路高架桥设计横断面图

海市高速公路网“一环十二射”的射线公路之一，也是中心城区通往浦东新区、上海自贸区临港新片区、奉贤区以及杭州湾北岸经济带的重要连接通道。

S3 公路项目北起周邓公路，南至 G1503 两港大道立交，全长约 26.6km。主线高架采用高速公路标准，双向 6 车道规模，全线设置 2 座枢纽互通立交、6 座菱形立交；同步新建主线高架下的地面辅道系统，周邓公路—沪南公路段建设规模为双向 6 快 2 慢，沪南公路—团青公路段建设规模为双向 4 快 2 慢。高速段计划于 2023 年建成通车，地面段计划于 2024 年建成通车。

S3 公路采用全预制拼装技术，上部结构为预应力混凝土箱梁，下部结构采用预制桥墩和预制拼装盖梁。为响应上海市推进装配式建筑政策号召，施工单位在金山境内打造了智能化、集约化、工厂化的综合预制构件厂，如图 4-21 所示。该厂引进了两套智能数控

图 4-21　上海 S3 公路项目综合预制构件厂

钢筋加工设备，较传统工艺可节约人工约 30%、节约工时约 15%；箱梁外模采用整体吊装式，模板用钢量相比传统工艺节省约 19%，新型上浮措施相比传统工艺可提升工效 80%，节约人工 60%；箱梁防撞墙在预制场进行“全预制”，即将不同梁型的防撞墙一次预制成型，避免了架设后二次浇筑带来的高空作业风险，消除了上跨既有线路、重点区域等高风险作业区域后续施工的安全隐患。

4.4.6 绿色建造典型项目介绍

中国华能集团—TB 水电站工程展厅项目，由江苏智建美住智能建筑科技有限公司承建，位于云南省迪庆州维西县中路乡境内。该展厅面积 252m^2，展厅呈现了该项目的相关信息，效果图见图 4-22 和图 4-23。

图 4-22　项目外观效果图

图 4-23　项目室内效果图

项目由模块化建筑产品打包箱式房屋组成，采用工业化生产、模块化组装的方式完成建造。箱式房屋模块单元全部在工厂内生产加工完成，采用可回收材料，能够循环使用，且生产全过程无任何废水、废气排放。箱式房屋模块单元生产完成后，被运输至现场，经吊装、安装即可完成建造过程。整个过程低碳环保，实现了工业化、绿色化相融合的建造方式。

该项目采用模块化建筑，融入工业化生产与绿色化建造的理念，配色彰显当地民族特色，高度呈现项目价值，项目设计理念、功能完备。

4.4.7　智能建造典型项目介绍

1. 武汉新一代天气雷达建设项目

如图 4-24 所示，该项目位于武汉市江夏区八分山上。项目总建筑面积 4230m^2，建筑高度 92.15m，是中国气象局与湖北省政府合作的重点项目。设计的灵感来自于自然界的气旋现象，塔体按照一定角度共心旋转形成双螺旋形，旋转婀娜，双生共舞。项目结构形式复杂，施工难度非常高。

图 4-24　武汉新一代天气雷达建设项目图

中南建筑设计院在该项目中搭建建筑全生命周期管理 PLM 平台，设计施工企业使用统一三维数字模型开展设计和深化工作，完成施工方案设计，实现了设计施工一体化。项目建立了三维交付和管理系统，实现了基于三维数字模型的数字建造。

2. 湖北省疾病预防控制中心综合能力提升（一期）项目

如图 4-25 所示，该项目是湖北省公共卫生体系的重点项目，总建筑面积约 8 万 m^2。项目基于建筑全生命周期管理 PLM 平台，实现了“一模到底、无图建造”。

在该项目中，中南建筑设计院建立了三维模型审核机制，采用 MBD 技术实现了三维交付，全程使用三维数字模型取代二维图纸，开展无图建造。打通了三维模型和加工设备间的数据通道，实现了三维模型驱动智能设备。研发了“一清二楚、按部就班、精益求精”的精益建造管理平台，云端交付三维模型，使用进度看板＋AI算法，实现包含进度、材料、产值在内的6D模拟。利用参数化和大数据分析，实现快速算量计价。集成多维数据，集中处理现场问题，可视化管理工程项目。

图4-25　湖北省疾病预防控制中心综合能力提升（一期）项目图

第 5 章　发展趋势分析

在前文对 2022 年建筑工业化发展情况进行综合总结的基础上，本章从产业政策、技术方向、产业规模、管理模式和制约因素等多个方面展开，旨在探讨我国未来建筑工业化发展的总体趋势。内容涵盖“建筑工程”“桥梁工程”“地下工程”“绿色建造”“智能建造”五个专业领域，以便读者全面而深入地了解行业发展趋势。

5.1　装配式建筑发展趋势

近年来的建筑工程实践证明了装配式建筑的优势，建设周期短、质量好、环保性强，不仅是现阶段建筑发展快速建造趋势的最佳选择，也是建筑业转型升级的必由之路。三年的疫情，对装配式建筑的发展起到了推动作用；同时行业也认识到装配式建筑是建造方式改变的突破口，是建筑业新型工业化的必由之路。

目前，我国钢结构行业发展仍然存在以下问题：

一是相较于发达国家，我国钢结构产量占粗钢产量比重仍较低。2022 年我国钢结构产量占粗钢产量仅 10.22%，至少还有一倍的上升空间。

二是我国钢结构行业集中度较低。2022 年钢结构行业 CR5（业务规模前 5 名所占市场份额）产量占比仅 7.5%，我国钢结构行业呈现“大行业、小企业”的特征。可在两个方面发力提升行业集中度：首先，相较于技术门槛较低的轻钢结构，重钢结构、空间钢结构领域对施工难度、技术要求更高，项目发包方往往会着重考虑承接方历史施工经验。因此，拥有一级、特级资质的钢结构企业，在承揽大型工程时更容易吸引客户。其次，钢结构产品的交通运输成本较高，在加工端进行全国性布局的企业能够抢占更大的市场份额。

三是市场渗透率有待提高。根据住房和城乡建设部数据，2021 年钢结构新开工建筑面积 2.1 亿 m^2，较 2020 年增长 10.5%，占当年新建建筑面积的 7%，占新开工装配式建筑的比例为 28.8%。其中，新开工装配式钢结构住宅 1509 万 m^2，较 2020 年增长 25%。相比之下，钢结构在新开工建筑中的占比远低于发达国家 30%～50%的水平。2022 年 3 月，住房和城乡建设部印发《“十四五”建筑业发展规划》，强调“积极推进高品质钢结构住宅建设，鼓励学校、医院等公共建筑优先采用钢结构”，在相关政策重点支持下，钢结构市场渗透率有望持续提高。

除了钢结构，装配式混凝土建筑也是装配式建筑中重要的组成部分。以装配式建筑发展为核心，围绕建筑工业化与智能建造，装配式建筑产业发展日趋成熟，未来的趋势会呈现以下特点：

（1）智能建造将陆续融入预制混凝土构件的生产，同时数字孪生技术也会被应用到预制混凝土构件的生产管理领域。

（2）装配式建筑结构体系不断创新发展，地下与地上的全装配终将会实现。

（3）建筑材料的创新与发展也是推动装配式混凝土建筑结构体系不断发展的良好助力。新材料的研发与使用将会推进装配式混凝土建筑的发展，最终实现建筑工业化。

（4）装配式混凝土建筑技术在不断创新，通过创新，完善装配式混凝土建筑技术体系，尽可能消除体系中的局限性，保持并提高企业的产品竞争力，保证建筑工业化的有条不紊。

2022年，木结构市场依然以文旅项目为主。2月22日，《中共中央　国务院关于做好2022年全面推进乡村振兴重点工作的意见》，即2022年中央一号文件明确指出："促进乡村振兴，应充分发挥文化和旅游的作用"，故发展乡村文旅是实现乡村振兴的重要途径，在这样的大环境下，与乡村旅游高度匹配且绿色低碳的木结构装配式建筑，迎来了巨大的发展机遇和市场空间。新农村住宅项目在未来将会有新突破。

随着国家木结构相关标准的最新颁布实施，需对木结构装配式建筑的推广进行科学引导。加快研究多层、高层现代木结构装配式建筑技术，尽快突破规范对木结构建筑层数的规定，并形成木结构装配式建筑产业链，推动我国木结构装配式建筑健康发展。

迄今为止，我国已具备大力发展现代木结构的条件，发展木结构装配式建筑是绿色低碳和建筑工业化的重要途径；与此同时，政府还将持续推进建筑市场秩序的规范化发展，这也成为木结构建筑企业转型升级的强大推力。模块化房屋、钢木组合结构房屋等新型工业化建筑产品有望逐步实现产业化。

另据2022年行业抽样调研统计，目前全围护行业拥有企业2078家，其中技术比较先进的约占32.7%，还有约67.3%的企业技术相对落后，将面临技术提升改造。在装配式围护体系中主要应用的是装配式蒸压加气混凝土，其生产技术模块化改造，将是行业技术升级的一个方向，主要将体现在以下几点：一是以在线检测数据为依据实时调节配料的智能化配料系统；二是智能化钢筋组网系统；三是智能化能源管理系统；四是智能化成品管理系统，主要解决成品入库、出库和配发货、尾货管理、板材裁切；五是复合制品加工系统。这些技术可实现蒸压加气混凝土"低碳"生产和"六零"工厂目标。

未来十年，特别到"十五五"期末的2030年，加气混凝土行业将依托国家政策红利持续发力，快速完成淘汰落后和装备升级的结构调整，实现市场的快速布局，由此推动企业产品结构的优化，实现加气混凝土行业的持续发展。

而装配式装修作为装配式建筑行业及装修行业新赛道，目前产业链涉及设计、施工、家居等在内的多个行业，使得行业参与者众多。但由于行业整体起步较晚、人才培养机制不健全且准入门槛较低，整体行业仍处于起步阶段。但随着政策的完善和国家的支持，未来会有更多优秀的装配式企业崛起，中国整个装配式市场的工业化程度、技术化程度、装配式产业工人的专业水平以及施工现场的规范化程度将不断迭代提升。放眼当下以及不远的未来，装配式建筑将成为中国未来主流的建筑模式，装配式内装也必将成为中国未来主流的内装模式。

5.2 装配式桥梁产业发展趋势

近年来，随着装配式桥梁的技术研究逐渐完善、劳动力成本上升以及国家政策层面上的扶持，在政府积极推动、相关企业积极参与下，桥梁工程工业化建造正在市政、公路、铁路桥梁建造中全面快速推广，全预制拼装桥梁已经成为国内外交通工程建设未来发展的新趋势。各地和行业协会陆续出台了多项地方标准、协会标准和技术文件，行业标准正在编制之中，装配式桥梁的设计、生产、施工标准化得到进一步提高，为预制装配式桥梁的发展提供了技术支持。

在政策驱动和市场引领下，装配式桥梁的设计、生产、施工等相关产业能力快速提升，同时也带动了构件运输、装配安装、配件生产等新兴专业化公司的发展。通过在一线城市及东部发达地区试点建设后，桥梁工业化生产基地已经开始在全国推广开来。装配式桥梁的快速发展正在吸引更多的设计、施工、构件生产企业聚拢，形成产业链条上企业相互配合、相互竞争的格局。在未来的发展过程中，有必要从顶层设计上对相关生产企业的统筹规划和科学布局进行指导，推动我国装配式桥梁生产行业合理布局，避免各区域出现构件生产企业建设无序、过度竞争、产能不匹配、资源浪费等问题，促进我国装配式桥梁产业化可持续发展。

在工程应用方面，2022年新增采用预制装配技术的桥梁总里程约200km，各类预制装配技术呈现全面发展和应用态势，全预制装配技术开始在工程项目上展开实践。装配式桥梁项目所在地区分布更加广泛，除了东部、中部和西部经济发展较快的大中城市，各省份的二、三线城市高架项目和重点高速公路工程项目也开始应用预制装配技术。在装配式桥梁应用过程中，要继续从设计源头贯彻落实标准化设计和工业化建造理念，加强设计、生产、施工一体化的运营模式。在设计全过程中需更多地考虑构件的标准化程度、构件生产的难易度、构件装配施工的易操作性等预制装配施工需求，施工方需较早介入设计和生产以便及时发现问题，提高协同能力。

相信在未来几年，随着新一轮科技革命朝向纵深发展，以人工智能、大数据、物联网、第五代移动通信、区块链等为代表的新一代数字技术将加速向各行业全面融合渗透。新兴信息技术和传统工程技术的融合将进一步推动桥梁工业化建造和智能建造的协同发展，在工业化建造的基础上，通过综合运用四新技术使得结构在全寿命周期内（规划、勘察、设计、生产、运输、安装、运维、拆除）具备自动化、可视化、数字化、信息化、无人（少人）化及商品化等建造特征，在体现高效、环保及经济等要素的前提下实现大规模传统建造向大产量模数建造及个性建造转变，是未来装配式桥梁技术的新发展方向，也将成为促进装配式桥梁产业转型升级、实现高质量发展的一大动力。

5.3　装配式地下产业发展趋势

近年来，装配式建造的方式已经从工业与民用建筑、桥梁道路、水工建筑等工程结构领域拓展到地下工程领域，并得到快速的发展。地下工程的工业化建造较以往年份仍处于上升阶段。而且，以隧道工程、综合管廊工程和地下水厂工程为代表的地下工程正在朝着全预制装配化建造的方向迈进。

隧道工程中，特别是采用盾构法施工的公路隧道和轨道交通隧道，在原有盾构管片预制装配式施工的基础上，内部结构突破原来的现浇施工方法，逐步采用全预制装配式施工。轨道交通中的地铁车站工程、综合管廊工程以及地下水厂工程，也正在摒弃现浇的施工方式，向着全预制装配式方向发展。在地下工程中，明挖法隧道一直是以现浇施工为主。但是，随着近年来预制装配式建造理念的深入实践和预制装配式施工技术的发展，明挖法隧道内部结构的预制装配式建造模式逐渐被接受。基坑工程中的围护结构目前还较少采用预制装配式，是未来地下工程预制装配式技术探索的一个方向。

2022 年，装配式地下结构相关研究在各研究院所和企业仍然是关注的重点；装配式综合管廊和装配式地下连续墙结构方面的专利数量较往年进一步增加；新发布的装配式地下工程相关技术标准有 16 部，包括国家标准 2 部、行业标准 14 部；装配式地下工程规模将持续增加，而且我国已成为世界上城市地下综合管廊建设规模最大的国家。多个方面的数据和信息都表明，装配式建造技术在地下工程建设中正持续地受到关注。

但是，目前装配式建造还存在建筑设计标准化水平较低、施工整体水平不高、缺乏建筑全生命周期思维以及信息化应用水平亟须提高等问题。从地理区域划分上来看，新增企业主要集中于华东地区，总体地理布局由东南沿海向华东、华中地区转移，中西部地区仍有较大的发展空间。

5.4　绿色建造产业发展趋势

2022 年 3 月 11 日，住房和城乡建设部发布《“十四五”建筑节能与绿色建筑发展规划》，提出到 2025 年，城镇新建建筑全面建成绿色建筑，建筑能源利用效率稳步提升，建筑用能结构逐步优化，建筑能耗和碳排放增长趋势得到有效控制，基本形成绿色、低碳、循环的建设发展方式，为城乡建设领域 2030 年前碳达峰奠定坚实基础，总体指标如表 5-1 所示。完成既有建筑节能改造面积 3.5 亿 m^2 以上，建设超低能耗、近零能耗建筑 0.5 亿 m^2 以上，装配式建筑占当年城镇新建建筑的比例达到 30%，全国新增建筑太阳能光伏装机容量0.5亿kW以上，地热能建筑应用面积1亿m^2以上，城镇建筑可再生能源替代率达到8%，建筑能耗中电力消费比例超过55%。

“十四五”时期建筑节能和绿色建筑发展总体指标 **表5-1**

主要指标	2025年
建筑运行一次、二次能源消费总量（亿tce）	11.5
城镇新建居住建筑能效水平提升	30%
城镇新建公共建筑能效水平提升	20%

未来绿色建造产业发展机制体系将不断完善，需求规模将持续增长。

1. 绿色建筑发展机制体系不断完善，产业链整合度提升

近年来转变建筑领域发展模式，推广绿色建筑，已经成为全球节能减排和应对气候变化的重要举措，绿色建筑行业进入高速发展阶段。在国家政策支持、技术标准体系逐步建立完善的环境下，未来我国绿色建筑行业将继续保持迅猛发展态势。国家和各省市政府对我国绿色建筑、生态城市建设制定的系列发展规划和评价标准，将推动绿色建筑发展机制体系不断完善，有助于形成更加完整的绿色建筑产业链，促进绿色建筑企业更快更好地发展，扩张行业规模，提升产业链整合度。

2. 新型城镇化建设加快，拉动绿色建筑需求规模增长

2022年6月国家发展和改革委员会、住房和城乡建设部发布的《城乡建设领域碳达峰实施方案》提出，到2025年，城镇新建建筑全面执行绿色建筑标准，星级绿色建筑占比达到30%以上，新建政府投资公益性公共建筑和大型公共建筑全部达到一星级以上，并制定完善了绿色建筑、零碳建筑、绿色建造等标准。同时，国家新型城镇化建设将绿色建筑、绿色建材、建筑工业化等列入发展重点，为绿色建筑、生态城市的规模化、快速发展提供了重大机遇。在政策的严格要求和持续发力下，我国新型城镇建设加快，城镇新建建筑中的绿色建筑面积要求占比不断提升，直接拉动了绿色建筑需求规模的增长。

3. 绿色建筑产业规模扩大，行业壁垒提高产业集中度

当前，由于绿色建筑工程综合技术服务涉及多学科交叉，具有系统性、复杂性、专业性等特性，对系统研发、集成服务能力要求非常高，要开展绿色建筑的系统研发，必须具备较为完善的各类实验室。随着国家政策标准的变化更新、行业发展水平的不断提升，绿色建筑行业的壁垒数量、门槛将不断上升，综合实力雄厚的相关企业将不断扩大规模巩固行业地位，而一些微小企业和新进入企业因受到的发展局限增多而逐渐退出，未来绿色建筑行业的市场集中度将有所提高。

5.5 智能建造发展趋势

2022年10月，住房和城乡建设部选定北京市等24个城市开展智能建造试点，以科技创新推动建筑业转型发展，促进工程项目提品质、降成本，更好地发挥建筑业对稳增长扩内需的重要支点作用。

各地纷纷颁布相应政策，其中《关于推进江苏省智能建造发展的实施方案（试行）》中提出，到2025年年末，智能建造适宜技术在重大工程建设项目中应用占比50%，培育30家以上智能建造骨干企业，推动建筑业企业智能化转型。到2030年年末，智能建造适宜技术在大中型工程建设项目中应用占比70%，培育100家智能建造骨干企业。到2035年年末，大中企业在各类工程建设项目中普遍应用智能建造适宜技术，培育一批在智能建造领域具有核心竞争力的龙头企业，成为全国建筑业智能建造强省。

智能建造行业正以快速的发展势头引领着建筑行业的转型与升级。政府的政策支持和行业的积极探索推动了智能建造技术创新与应用。跨专业的技术如物联网、人工智能、机器人和大数据等被结合，应用于建筑施工领域，促进了建筑全生命周期过程的智能化、高效化和可控化。

跨界合作与创新成为建筑行业发展的趋势，智能建造与信息技术等领域深度融合，推动技术不断创新与突破。智能建造行业注重绿色可持续发展，响应碳达峰政策和绿色建筑理念，推动建筑行业向更加可持续的方向发展。同时，高校和研究机构在智能建造领域培养人才，提供专业教育和研究支持，为行业提供人才储备和技术支持。智能建造行业加强了数字化、标准化和智能化的应用，促进设计、施工、运维过程的信息化管理，创新平台协同模式，极大地提高了施工质量和效率。这些趋势共同促进了智能建造行业的发展，为建筑行业带来了革命性的变化和巨大的发展潜力。

附　　录

1. 图 1-2　2022 年全国重点地区装配式建筑地方性行业政策颁布数量分布图中省级区域清单：

东北地区：辽宁、吉林、黑龙江

东部地区：北京、天津、河北、上海、江苏、浙江、福建、山东、广东、海南、台湾、香港、澳门

中部地区：山西、安徽、江西、河南、湖北、湖南

西部地区：内蒙古、广西、重庆、四川、贵州、云南、西藏、陕西、甘肃、青海、宁夏、新疆

2. 图 1-3　2022 年我国智能建造地方性行业政策颁布数量区域分布图中省级区域清单：

东北地区：辽宁、吉林、黑龙江

东部地区：北京、天津、河北、上海、江苏、浙江、福建、山东、广东、海南、台湾、香港、澳门

中部地区：山西、安徽、江西、河南、湖北、湖南

西部地区：内蒙古、广西、重庆、四川、贵州、云南、西藏、陕西、甘肃、青海、宁夏、新疆

3. 图 1-4　2022 年我国绿色低碳地方性行业政策颁布数量区域分布图中省级区域清单：

东北地区：辽宁、吉林、黑龙江

东部地区：北京、天津、河北、上海、江苏、浙江、福建、山东、广东、海南、台湾、香港、澳门

中部地区：山西、安徽、江西、河南、湖北、湖南

西部地区：内蒙古、广西、重庆、四川、贵州、云南、西藏、陕西、甘肃、青海、宁夏、新疆

4. 图 1-5 2022 年我国产业教育地方性行业政策颁布数量地区分布图中省级区域清单：

东北地区：辽宁、吉林、黑龙江

东部地区：北京、天津、河北、上海、江苏、浙江、福建、山东、广东、海南、台湾、香港、澳门

中部地区：山西、安徽、江西、河南、湖北、湖南

西部地区：内蒙古、广西、重庆、四川、贵州、云南、西藏、陕西、甘肃、青海、宁夏、新疆

5. 图 3-4 截至 2022 年年底全国各区域累计存续的钢结构企业数量及占比中省级区域清单：

华北地区：北京、天津、河北、山西、内蒙古

华东地区：上海、江苏、浙江、山东、安徽

东北地区：辽宁、吉林、黑龙江

华中地区：湖北、湖南、河南、江西

华南地区：广东、广西、海南、福建

西南地区：四川、重庆、贵州、云南、西藏

西北地区：陕西、甘肃、新疆、青海、宁夏

6. 图 3-8 截至 2022 年年底全国各区域累计存续的预制混凝土构件工厂数量及占比中省级区域清单：

华北地区：北京、天津、河北、山西、内蒙古

华东地区：上海、江苏、浙江、山东、安徽

东北地区：辽宁、吉林、黑龙江

华中地区：湖北、湖南、河南、江西

华南地区：广东、广西、海南、福建

西南地区：四川、重庆、贵州、云南、西藏

西北地区：陕西、甘肃、新疆、青海、宁夏

7. 图 3-11 截至 2022 年年底全国各区域累计存续的木结构企业数量及占比中省级区域清单：

华北地区：北京、天津、河北、山西、内蒙古

华东地区：上海、江苏、浙江、山东、安徽

东北地区：辽宁、吉林、黑龙江

华中地区：湖北、湖南、河南、江西

华南地区：广东、广西、海南、福建
西南地区：四川、重庆、贵州、云南、西藏
西北地区：陕西、甘肃、新疆、青海、宁夏

8. 图 3-18　全国各区域 2022 年装配式装修企业新增数量及占比中省级区域清单：
华北地区：北京、天津、河北、山西、内蒙古
华东地区：上海、江苏、浙江、山东、安徽
东北地区：辽宁、吉林、黑龙江
华中地区：湖北、湖南、河南、江西
华南地区：广东、广西、海南、福建
西南地区：四川、重庆、贵州、云南、西藏
西北地区：陕西、甘肃、新疆、青海、宁夏

9. 图 3-23　2018—2022 年全国新增装配式桥梁企业的区域分布和占比图中省级区域清单：
华北地区：北京、天津、河北、山西、内蒙古
华东地区：上海、江苏、浙江、山东、安徽
东北地区：辽宁、吉林、黑龙江
华中地区：湖北、湖南、河南、江西
华南地区：广东、广西、海南、福建
西南地区：四川、重庆、贵州、云南、西藏
西北地区：陕西、甘肃、新疆、青海、宁夏

10. 图 3-26　截至 2022 年年底全国各区域累计存续的装配式地下工程相关企业数量中省级区域清单：
华北地区：北京、天津、河北、山西、内蒙古
华东地区：上海、江苏、浙江、山东、安徽
东北地区：辽宁、吉林、黑龙江
华中地区：湖北、湖南、河南、江西
华南地区：广东、广西、海南、福建
西南地区：四川、重庆、贵州、云南、西藏
西北地区：陕西、甘肃、新疆、青海、宁夏

11. 图 3-30　截至 2022 年年底全国各区域累计存续的绿色建造相关企业数量及占比中省级区域清单：

华北地区：北京、天津、河北、山西、内蒙古
华东地区：上海、江苏、浙江、山东、安徽
东北地区：辽宁、吉林、黑龙江
华中地区：湖北、湖南、河南、江西
华南地区：广东、广西、海南、福建
西南地区：四川、重庆、贵州、云南、西藏
西北地区：陕西、甘肃、新疆、青海、宁夏

参考文献

[1] 许能财，朱斌，俞凤成，等．一种新型钢结构连接构件：CN217601701U[P]. 2022-10-18.

[2] 李锦实．预制墙板连接节点及其施工方法：CN114541616A[P]. 2022-05-27.

[3] 龙卫国，欧加加．一种可抗弯的木结构柱脚连接节点：CN 113089833 A[P]. 2021-07-09.

[4] 江苏智建美住科技有限公司．一种基于 VIP 真空板的围护墙保温系统：CN202221680760. 8[P]. 2022-11-01.

[5] 浙江万川装饰设计工程有限公司．一种装配式装饰面的固定结构：CN 114086731 A[P]. 2022-02-25.

[6] 吴惊．一种预制装配式钢混组合桥梁结构及其施工方法：CN115506226A[P]. 2022-12-23.

[7] 闫兴非，周良，张涛，等．内侧钢筋不连接的预制空心桥墩：CN111705630B[P]. 2021-09-10.

[8] 杨大海，慈伟主，吴平平，等．一种预制装配式桥梁下部结构插槽式与承插式组合连接结构：CN112502030A[P]. 2021-03-16.

[9] 谢贵全，李凯迪，马明龙，等．一种耐高温纤维增韧轻质硅晶石墙板及制备方法：CN114524662A[P]. 2022-05-24.

[10] 穆洪星，段振兴，易艳丽，等．一种冷弯薄壁轻钢短肢墙柱箱式房：CN114991311A [P]. 2022-09-02.

[11] 杨秀仁．我国预制装配式地铁车站建造技术发展现状与展望[J]. 隧道建设(中英文)，2021，41(11)：1849-1870.